国家出版基金项目
NATIONAL PUBLICATION FOUNDATION

中华传统食材丛书

总主编 魏兆军 陈寿宏

滋补卷

主编 王彩虹 张松

编委 夏冰 李光亚 蔡家深 江娟

合肥工业大学出版社

总序

健康是促进人类全面发展的必然要求，《“健康中国2030”规划纲要》中提出，实现国民健康长寿，是国家富强、民族振兴的重要标志，也是全国各族人民的共同愿望。世界卫生组织（WHO）评估表明膳食营养因素对健康的作用大于医疗因素。“民以食为天”，当前，为了满足人民日益增长的美好生活的需求，对食品的美味、营养、健康、方便提出了更高的要求。

中国传统饮食文化博大精深。从上古时期的充饥果腹，到如今的五味调和；从简单的填塞入口，到复杂的品味尝鲜；从简陋的捧土为皿，到精美的餐具食器；从烟火街巷的夜市小吃，到钟鸣鼎食的珍馐奇馔；从“下火上水即为烹饪”，到“拌、腌、卤、炒、熘、烧、焖、蒸、烤、煎、炸、炖、煮、煲、烩”十五种技法以及“鲁、川、粤、徽、浙、闽、苏、湘”八大菜系的选材、配方和技艺，在浩渺的时空中穿梭、演变、再生，形成了绵长而丰富的中华传统饮食文化。中华传统食品既要传承又要创新，在传承的基础上创新，在创新的基础上发展，实现未来食品的多元化和可持续发展。

中华传统饮食文化体现了“大食物观”的核心——食材多元化，肉、蛋、禽、奶、鱼、菜、果、菌、茶等是食物；酒也是食物。中国人讲究“靠山吃山、靠海吃海”，这不仅是一种因地制宜的变通，更是顺应自然的中国式生存之道。中华大地幅员辽阔、地大物博，拥有世界上最多样的地理环境，高原、山林、湖泊、海岸，这种巨大的地理跨度形成了丰富的物种库，潜在食物资源位居世界前列。

“中华传统食材丛书”定位科普性，注重中华传统食材的科学性和文化性。丛书共分为30卷，分别为《药食同源卷》《主粮卷》《杂粮卷》《油脂卷》《蔬菜卷》《野菜卷（上册）》《野菜卷（下册）》《瓜茄卷》《豆荚芽菜卷》《籽实卷》《热带水果卷》《温寒带水果卷》《野果卷》《干坚果卷》《菌藻卷》《参草卷》《滋补卷》《花卉卷》《蛋乳卷》《海洋鱼卷》《淡水鱼卷》《虾蟹卷》《软体动物卷》《昆虫卷》《家禽卷》《家畜卷》《茶叶卷》《酒品卷》《调味品卷》《传统食品添加剂卷》。丛书共收录了食材类目944种，历代食材相关诗歌、谚语、民谣900多首，传说故事或延伸阅读900余则，相关图片近3000幅。丛书的编者团队汇聚了来自食品科学、营养学、中药学、动物学、植物学、农学、文学等多个学科的学者专家。每种食材从物种本源、营养及成分、食材功能、烹饪与加工、食用注意、传说故事或延伸阅读等诸多方面进行介绍。编者团队耗时多年，参阅大量经、史、医书、药典、农书、文学作品等，记录了大量尚未见经传、流散于民间的诗歌、谚语、歌谣、楹联、传说故事等。丛书在文献资料整理、文化创作等方面具有高度的创新性、思想性和学术性，并具有重要的社会价值、文化价值、科学价值和出版价值。

对中华传统食材的传承和创新是该丛书的重要特点。一方面，丛书对中国传统食材及文化进行了系统、全面、细致的收集、总结和宣传；另一方面，在传承的基础上，注重食材的营养、加工等方面的科学知识的宣传。相信“中华传统食材丛书”的出版发行，将对实现“健康中国”的战略目标具有重要的推动作用；为实现“大食物观”的多元化食材和扩展食物来源提供参考；同时，也必将进一步坚定中华民族的文化自信，推动社会主义文化的繁荣兴盛。

人间烟火气，最抚凡人心。开卷有益，让米面粮油、畜禽肉蛋、陆海水产、蔬菜瓜果、花卉菌藻携豆乳、茶酒醋调等中华传统食材一起来保障人民的健康！

中国工程院院士

2022年8月

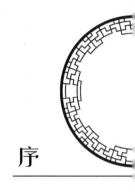

序

中国传统文化历史悠久、博大精深，而饮食文化是中国文化中的重要组成部分。在中国古代长期的饮食文化实践活动中，人们了解到某些食物对人体某些方面有益，起到滋补养生之功效，即所谓的“药食同源”的食疗理论。饮食疗法是中国古代最早的医疗方法之一，养生保健之道和食疗之法是我国古代饮食文化中不可或缺的组成部分。我国历代关于饮食文化和烹饪方法的专著层出不穷，例如元代忽思慧的《饮膳正要》、清代王孟英的《随息居饮食谱》、清代袁枚的《随园食单》等，就是我们现在俗称的营养保健食谱。从现存的一些烹饪古籍当中可以看出，一些著名的烹饪专家对医理知识也较为熟悉，这些古籍中所记载的许多食谱和药膳都符合一定的滋补养生之道。本书是中华传统食材系列丛书中的一部分，主要介绍滋补类食材。

在人们的日常生活中，食材的种类丰富多样，人们通过不同的烹饪方式使得各种各样的食材变成一道道美食。人们不仅是追求美味，而且提倡从原料食材的配伍、五味的调和中追求养生和保健，时至今日，这依然是中国烹饪所追求的至高境界。滋补类食材的食用，要掌握好各种食材恰当的烹调方法，才能做出各样的美味佳肴，同时注意烹调过程中火候的掌握，适当的烹饪方法可以去除食材本身的不良气味（尤其是动物类滋补食材），还可以使得食物有良好的口感。滋补类食材的特性不同，不同的配比，做出来的食物口舌之间的味道是不一样的，能够利用各类食材的特性使之相互补益，是滋补类食材烹调加工过程中非常重要的部分。此外，春生夏长，秋收冬藏，若要通过食用滋补类食材进行身体的调养，还应当根据四季的变化选取适当的食材和调料，以达到身体阴阳平衡养生保健的目的。

本书为读者呈现了一系列健康有益的药膳美馔，让食者于暖意绵绵中滋补养生，其中涉及的滋补食材种类包括肉苁蓉、泽兰、桃胶、红景天、决明子、黄芪、路路通、石斛、土茯苓、地骨皮、竹茹、竹叶卷心、白芷、川芎、人参花、枳壳、桑白皮、桑枝、荜茇、金荞麦、巴戟天、香附、松萝、漏芦、牡丹皮、燕窝、鹿茸、鹿胎、鹿骨、鹿尾、鹿角胶、阿胶、鱼胶、鱼皮、珍珠。滋补类食材种类较多，本书按同目、同科的类目排列在一起的原则，列出了35种常用的滋补养生食材。在每种食材条目中，介绍了食材的物种本源、营养及成分、食材功能、烹饪与加工、食用注意和传说故事等六项基本内容。物种本源部分主要介绍食材的来源、特征及其生长环境和地理分布特点；营养及成分部分主要介绍食材本身所含有的主要营养成分、含量以及其中的一些生物活性成分；食材功能部分主要介绍食材的传统医学功能和现代营养学功效，传统医学研究内容包括食材的性味归经和传统医学著作中的食用疗效，现代营养学功效主要介绍了食材中的一些生物活性成分的功能特性，这里主要参考了一些文献研究；烹饪与加工部分介绍了食材的传统食用配方，这部分主要是引用一些传统典籍，此外还介绍了现代的一些加工方法和食物的功效；食用注意部分使读者了解到食材在食用或烹调的过程中有哪些禁忌；最后一部分是关于食材的传说故事，使读者在获取食材知识的同时了解关于食材的传统文化和故事。

为了便于不同知识水平的读者了解食材特性，编者注重食材自身特征的描述，并尽力将食材加工、食材的主要养生滋补功效及近年发展的烹调新方法汇聚在本书中，并注意内容的系统性与实用性。

回首过去，中华传统食材滋补类食材的编撰工作在一年多的时间里，完成了初稿、校稿、审读，接下来便是交付出版社进行编校、排版和付印了。本书能够顺利完成，要特别感谢编者、责任编辑和丛书主编的共同努力。感谢魏兆军教授给我这个机会，让我能够参与丛书的编撰工作。在本书编撰的过程中，感谢夏冰同学的热情帮助，我们一起讨论书目，互相交流信息资源。对我来说，整个编撰过程也是一个学习的过程，这卷书当中主要涉及滋补类的食材，在信息查询的过程当中，我对滋补食材有了更深的了解和认识，受益匪浅。感谢李龙、杜谦等好友提供的滋补食材插图，特别感谢章建国老师对图书编撰过程中所做的大量的组织和协调工作，还有合肥工业大学出版社所有参与本书编校与质检的工作人员，在此谨表示衷心的感谢。

河南大学康文艺教授审阅了本书，并提出了宝贵的修改意见，在此表示衷心的感谢。

我相信这卷书能够给读者一定的启发，在当前快节奏的生活当中，我们的身体可能会出现亚健康状态，通过这卷书的阅读，希望读者在了解这些滋补食材的基本信息的同时，也可以对食材的一些滋补效果有一定认识，让它服务于自己的饮食生活。当然在这里也要提醒读者，本卷所列的滋补食材虽然有一定的滋补效果，但是把食物当作灵丹妙药的做法是不对的，食物的滋补作用和养生效果，需要长时间合理膳食之后才能体现出来，同时需注意滋补食材在发挥作用时的烹调方法和食物搭配需恰当，方可发挥其功效。

本书得到阜阳师范大学信息工程学院科学研究项目（FXG2020ZY02）的资助。

由于时间和水平有限，本书不足乃至谬误之处在所难免，敬请读者批评指正。

王彩虹

2022年7月

目录

肉苁蓉

黑司命是肉苁蓉，未取河西那得逢。
调作肥羊羹甚美，遗来野马沥偏浓。
痿服阳事精能益，痛止阴门带不凶。
大至斤余宜酒洗，假充须识嫩稍松。

——《本草诗》（清）赵瑾叔

一、物种本源

拉丁文名称，种属名

肉苁蓉，是唇形目、列当科、肉苁蓉属植物肉苁蓉（*Cistanche deserticola* Y. C. Ma）或管花肉苁蓉［*Cistanche tnbulosa*（Schenk）Wight］干燥带鳞叶的肉质茎，又名黑司命、肉松蓉、大芸等。

形态特征

肉苁蓉的形状主要是长圆柱体，它的下半部分稍微有些扁，略微弯曲。肉苁蓉的表面颜色为灰褐色或棕褐色，肉质鳞片呈现出瓦状排列，鳞片的形状通常为菱形或三角形，鳞片脱落后会留下弯月形的叶迹。肉苁蓉的质地比较坚硬，不容易折断，切面颜色呈棕色，有淡棕色点状维管束。

肉苁蓉

习性，生长环境

肉苁蓉一般喜欢在轻度盐渍化的松软沙地上生长，或者生长在环境条件较差的地区，如沙地、半固定沙丘、干涸的旧河床、湖盆低地等地，这些地区气候干燥、降雨量不多、蒸发量大、日照时间长、昼夜温差大。土壤主要为灰棕漠土和棕漠土的地区比较适宜种植肉苁蓉。在我国，肉苁蓉主要有四个品种，分别为荒漠肉苁蓉、管花肉苁蓉、盐生肉苁蓉及沙苁蓉，主要产于雨水较少的西部地区，如新疆、内蒙古、甘肃、宁夏等地。

二、营养及成分

肉苁蓉中含有丰富的化学成分，其中主要的活性成分包括苯乙醇苷类、糖类、氨基酸类、木脂素类、环烯醚萜类等，此外包括苯甲醇苷类、酚苷类、甾醇、生物碱类等。肉苁蓉还富含由果糖、葡萄糖、鼠李糖、木糖、阿拉伯糖、半乳糖等聚合而成的肉苁蓉多糖。此外，有研究表明新疆肉苁蓉含16种氨基酸。

三、食材功能

性味 味甘、咸，性温。

归经 归肾、大肠经。

功能

（1）暖腰暖膝，滋补五脏。对男性阳虚不育、遗精遗尿，女性阴虚不孕、下阴疼痛等疾病有康复和辅助饮食治疗的作用。

（2）抗衰老作用。肉苁蓉具有一定的抗衰老作用。有研究表明，肉苁蓉可以延长果蝇的平均寿命和最大寿命，此外它还能提高小鼠红细胞当中超氧化物歧化酶的活性，降低小鼠的心肌脂褐质含量。

（3）提高免疫力。肉苁蓉提取物在一定程度上有提高人体免疫力的效果。有研究表明，肉苁蓉水提液可增加小鼠脾脏和胸腺的重量，提高腹腔巨噬细胞的吞噬能力。

肉苁蓉

四、烹饪与加工

肉苁蓉粥

（1）材料：肉苁蓉15克，精羊肉100克，粳米50克，盐适量。

（2）做法：肉苁蓉加水煮烂去渣；精羊肉切片入砂锅内加水煮沸，待肉烂后，再加水；将粳米煮至米开汤稠时加入肉苁蓉汁及羊肉再同煮片刻停火，盖焖加盐5分钟即可。

（3）功效：补肾壮阳，润肠通便。适用于阳痿、遗精、早泄、性功能减退等。

肉苁蓉茶

（1）材料：肉苁蓉5克，红茶3克。

（2）做法：用肉苁蓉的煎煮液和红茶一起泡茶饮用。

（3）功效：补肾益精，润燥滑肠。

肉苁蓉药用配方

（1）配方：肉苁蓉3两，用白酒浸泡后，洗去鳞甲，切成片，加白汤

3碗，煎成1碗，顿服。（《先醒斋医学广笔记》）

（2）功效：治疗血液枯槁，大便燥结，胸中作闷。

五、食用注意

（1）肉苁蓉有助阳滑肠的效果，因此具有阴虚火旺证候或大便泄泻症状的人不能服用，肠胃实热而导致大便秘结的人也不宜服用。

（2）阴虚津伤严重者慎用。

（3）女性经期禁止食用肉苁蓉。

（4）未成年人不要食用肉苁蓉。

传说故事

苏东坡与刘贡父“从容”答对

北宋著名史学家刘贡父请苏轼等文人学士喝酒，苏轼的弟子有事找他回家，苏轼便起身告辞，此刻刘贡父正喝得高兴，意欲挽留，笑曰：“幸早里，且从容。”苏轼不假思索，答道：“奈这事，须当归。”在座宾客们听见这般对答，都纷纷称赞两位才智过人，出口成对。原来，刘贡父的出句表面意思是时间还早，不要着急。这六字中却包含了三种水果和一味中药，即杏、枣、李和苁蓉。答句的意思是怎奈这事，必须我回去处理，妙的是六字中也含三果一药，即奈（音 nài，苹果之一种）、蔗、柿和当归。刘、苏在随意的谈话中，特别是苏轼于急忙回家前，迅速而贴切地对出这样的妙对，好似信手拈来，然非有才者不可。

泽兰

空园歌独酌，春日赋闲居。
泽兰侵小径，河柳覆长渠。
雨去花光湿，风归叶影疏。
山人不惜醉，唯畏绿尊虚。

——《郊兴》（唐）王勃

一、物种本源

拉丁文名称，种属名

泽兰，是唇形目、唇形科、地笋属植物毛叶地瓜苗（*Lycopus lucidus* Turcz. var. *hirtus* Regel）的干燥地上部分，又被称为梗泽兰。

形态特征

毛叶地瓜苗为柱形，极少有分枝，四面都具有浅纵沟，表面色泽为黄绿色或带紫色，节处紫色较为明显，还长有白色茸毛；质地较脆，断面黄白色，髓部中空。无臭，味淡。

习性，生长环境

毛叶地瓜苗生长在海拔1550~3800米的山地草坡、田边草地或河边沙地。泽兰在我国大部分地区都有产出，主要产于黑龙江、辽宁、浙江、湖北等地。采收于夏、秋季茎叶生长茂盛时，花期为6—9月份，果期为8—10月份。

泽兰植物

二、营养及成分

泽兰中的主要营养成分包括总糖、粗脂肪、粗纤维、粗蛋白、总酸等。无机元素包括磷、钾、钠、钙、镁、铜、锌、铁、锰等，其中常量元素钾、磷、钙、镁的含量较低。氨基酸组成分析表明，泽兰中含有16种氨基酸，其总含量为6.4%，其中包括8种必需氨基酸。

三、食材功能

性味 味苦、辛，性微温。

归经 归肝、脾经。

功能

（1）泽兰有通九窍、利关脉、破宿血、产前产后百病、通小肠、长肉生肌、消扑损瘀血的作用。适用于经闭、产后淋沥腹痛、身面水肿等症。

（2）泽兰水浸膏对实验性血瘀兔的微循环障碍具有明显改善作用，还可以降低血液黏稠度、纤维蛋白尿含量和红细胞聚集指数；大鼠灌服复方泽兰煎剂后，血栓干重减轻。

四、烹饪与加工

泽兰煲墨鱼汤

（1）材料：泽兰15克，墨鱼干100克，鸡粉、盐适量。

（2）做法：将泽兰磨成粉，装入隔渣袋中，扎紧袋口，待用；把洗净的墨鱼干切成小块，备用；砂锅中加入适量清水烧开，放入装有泽兰的隔渣袋；倒入切好的墨鱼干，盖上盖子，用小火煮1小时；揭开盖，取出隔渣袋，加入少许盐、鸡粉，搅拌均匀即可。

（3）功效：对瘀血阻滞型慢性前列腺炎尤为合适。

泽兰红枣茶

（1）材料：泽兰10克，红枣30克，绿茶1克。

（2）做法：泽兰洗净，与红枣、绿茶一起放入茶杯中，用沸水冲泡即可。

（3）功效：此茶饮可用于缓解女性痛经。

泽兰红枣茶

泽兰药用配方

（1）配方：泽兰、防己等分，为末，每服2钱，醋汤下。（《备急方》）

（2）功效：治疗产后水肿、血虚水肿等症状。

五、食用注意

（1）内热腹痛者及孕妇慎用。

（2）血虚枯秘及无血瘀者禁用。

恶婆婆虐待兰姑娘

从前，大别山的一个深山幽谷里住着婆媳俩人。婆婆总是诬赖童养媳兰姑娘好吃懒做，于是，动不动就不给她吃喝，还罚她干重活。

一天早上，兰姑娘在门外石碓上舂米时，家中灶台上的一块糍粑被猫拖走了。恶婆婆一口咬定是兰姑娘偷吃了，逼她招认。逼供不成，恶婆婆就把兰姑娘毒打一顿，又罚她一天之内要舂出九斗米。兰姑娘只得拖着疲惫不堪的身子，不停地踩动那沉重的石碓。

太阳落山了，一整天滴水未进的兰姑娘又饥又渴，累倒在石碓旁，顺手抓起一把生米放到嘴里嚼着。

恶婆婆一听石碓不响，跑出来一看，气得双脚直跳："你这该死的贱骨头！偷吃糍粑，又偷吃白米！"说着，拿起木棒就把兰姑娘打得晕倒在地。恶婆婆还不解恨，说兰姑娘是装死吓人。

也不知过了多少年，兰姑娘死去的幽谷长出了一棵小花，淡妆素雅，玉枝绿叶，无声无息地吐放着清香。人们都说这花是兰姑娘的化身。卷曲的花蕊像舌头，花蕊上缀满的红斑点像斑斑的血痕。人们把这种花称作泽兰。

桃胶

深闺美人春睡起，侧倚银台注秋水。
鬅松两鬓雾半垂，欲下犀梳不能理。
春云暖雨桃胶香，调兰抹麝试新妆。
岂无膏沐污颜色，思此佳人日断肠。
君不见望仙结绮螺千斛，隋家但写双蛾绿。
白发宫人奈老何，转头依旧庭花曲。

——《桃胶香鬟歌》（明）陈伯康

一、物种本源

拉丁文名称，种属名

桃胶，是蔷薇目、蔷薇科、桃属植物桃树（*Amygdalus persica* L.）或山桃树［*Amygdalus da vidiana*（Carr.）C. de Vos］等树皮所分泌出来的树脂，又名桃树油、桃花泪等。

形态特征

桃胶是一种浅黄色或淡红色半透明的固体天然胶质，一般野生的桃胶没有固定的形态，大小也不固定。老树的桃胶颜色比较深，新树的桃胶颜色比较浅。干桃胶有点像琥珀，呈很硬的结晶状。

习性，生长环境

广义上的桃胶是指桃、李、杏等蔷薇科植物的树干在受到真菌感染或机械损伤、冻害、过度修剪等因素影响而从伤口处分泌的半透明胶状物质。在我国，桃胶主要产于浙江、福建、云南、贵州、湖北等气候较为湿润的地区。1棵成年桃树一年可产300～1200克桃胶。

二、营养及成分

桃胶的主要成分为多糖，含量高达84.5%，还含有少量的蛋白质、脂肪、淀粉等其他成分。桃胶多糖是一种酸性多糖，通常由半乳糖（42%）、阿拉伯糖（36%～37%）、糖醛酸（7%～13%）、少量木糖和甘露糖所组成。另外，桃胶中有一些常见氨基酸如苏氨酸、组氨酸等，还含有一些微量元素如镁、铁、钙等。

三、食材功能

性味 味微苦，性平。

归经 归大肠、膀胱经。

功能

（1）传统中医认为，桃胶具有益气、止渴的作用，是一种具有药用价值的食品。

（2）降血糖作用。在古代，桃胶可用来治“消渴症”，就是现在人们所说的糖尿病。现代的一些研究结果也证实了桃胶在治疗糖尿病方面具有显著的功效。

（3）抗菌、抗氧化作用。桃胶在经过一系列的处理之后，分子量会变小，具有良好的抗菌、抗氧化效果，能抑制大肠杆菌、金黄色葡萄球菌、芽孢枯草杆菌等微生物的生长繁殖。而桃胶多糖，抗氧化能力更强。

桃　胶

桃胶银耳莲子羹

（1）材料：桃胶、莲子各1勺，银耳1朵，雪梨1个，冰糖、红枣适量。

（2）做法：将桃胶放在清水里浸泡半天，泡发后洗净备用；将莲子放入热水浸泡半天，泡至绵软；将银耳用温水浸泡2小时，泡发后用手掰成小朵备用；将雪梨、红枣去核切成丁备用；将桃胶、莲子、银耳、红枣丁放入锅内，加水用大火烧开，然后改小火煮半小时；待汤汁黏稠时放入雪梨丁和冰糖再煮5分钟，边煮边搅拌到冰糖完全融化即可关火出锅。

（3）功效：提高肝脏的解毒能力，具有一定的保肝作用，还有补脾开胃、益气清肠、养阴清热、润燥的功效。

桃胶银耳莲子羹

木瓜炖桃胶

（1）材料：木瓜1只，桃胶10克，冰糖适量。

（2）做法：桃胶放入清水中浸泡6~8个小时至膨胀松软；将泡软的桃胶反复地清洗，去除黑色的杂质，掰成小块儿；桃胶加少许水，隔水先蒸30分钟左右；木瓜对半切开，去籽，将隔水蒸过的桃胶倒入木瓜中，撒上少许冰糖，再继续蒸20分钟即可。

（3）功效：滋阴润肤，美容养生，养肝明目。

桃胶药用配方

（1）配方：桃胶半两，松脂、黄柏各半两。上药捣细罗为散，用梨汁生蜜调涂之。（《圣惠方》止痛散）

（2）功效：治疗火烧疮。

五、食用注意

孕妇、经期女性最好不要食用。

传说故事

西施与“桃花泪”

据说位于无锡和常州交界地的雪堰，在吴越春秋时期就已经开始种植水蜜桃了。

相传西施从越国到了吴国后，特别爱吃阖闾城（今雪堰）附近出产的水蜜桃，尤其爱喝那桃胶甜汤。渐渐地，西施长得越发靓丽娇艳，皮肤像蜜桃一样滑嫩，全身都散发着蜜桃香。更神奇的是，西施连说话的声音也越来越好听。朱唇未启，已感觉到西施唇齿间流动着的蜜桃香味！因此，西施深得吴王阖闾的宠爱！

于是，阖闾城周围的老百姓都在自家门前屋后种植水蜜桃，不仅吃桃，也学着西施来做桃胶甜汤，就是希望自己能长得跟西施一样好看。后来吴国灭亡了，老百姓吃水蜜桃喝桃胶汤时就想起这段与西施有关的吴国往事，不禁扼腕叹息，怀念故国。有人看到桃胶晶莹剔透，好似美人西施的珠泪，从此就将桃胶称作“桃花泪”了。

历史的车轮滚滚向前，吴王和西施早已不知何处去，但阖闾城的桃花依旧开得艳丽，而当地百姓食用桃胶的习俗也在民间代代相传。

红景天

康熙御封仙赐草，道家誉为还魂丹。
藏名扫罗马尔布，常服延年口不干。

——《红景天》（现代）郑琪安

一、物种本源

拉丁文名称，种属名

红景天（*Rhodiola roseo* L.），是蔷薇目、景天科、红景天属植物大花红景天的干燥根或根茎，又名蔷薇红景天、仙赐草、扫罗玛布尔（藏药名）等。

形态特征

红景天是一种多年生草本植物，其植株高度约为25厘米，根直立，根基有须根，圆柱状的根茎较为短且粗，其上覆有鳞片状叶。

红景天

习性，生长环境

红景天生长在海拔1800～2500米的高寒无污染地带的山坡林下或草坡上，大多数分布在北半球的高寒地带。虽然其生长环境恶劣，如缺氧、低温干燥、狂风、受强紫外线照射、昼夜温差大，但是它具有很强的生命力和特殊的适应性。在我国，红景天主要产于黑龙江、吉林、西藏、云南、宁夏、甘肃、青海、四川等地。

二、营养及成分

红景天已分离出40多种化学物质，其化学成分包括苯乙醇类化合物、黄酮类、苯丙素、萜类、苷类、有机酸等几类重要物质。还含有脂肪、蜡、醇类、酚类化合物、黄酮类化合物、有机酸、鞣酸、蛋白质、水溶性挥发油成分、生物碱等成分。此外，红景天还含有其他成分，如必需氨基酸、微量元素以及维生素、糖类等多种物质。

三、食材功能

性味 味甘、苦，性平。

归经 归肺、心经。

功能

（1）红景天有补气清肺、益智养心、收涩止血、散瘀消肿的作用，适用于气虚体弱、病后畏寒、气短乏力、肺热咳嗽、咯血、白带、腹泻、跌打损伤、烫火伤、神经衰弱、高原反应等症。

（2）研究表明，红景天能明显改善大鼠的学习记忆障碍，能提高海

红景天

马区乙酰胆碱和胆碱乙酰转移酶的含量，抑制大脑和海马区椎体细胞的退行性变化。

四、烹饪与加工

红景天茶

（1）材料：红景天6克。

（2）做法：将红景天研粗末，分两次放入茶杯，冲入沸水，加盖浸泡5~10分钟即可饮用。

（3）功效：抗疲劳，增强免疫力和记忆力。

红景天乌鸡汤

（1）材料：乌鸡1只，红景天20克，大葱1根，姜汁、盐、胡椒粉适量。

（2）做法：将乌鸡斩块，备用；红景天清洗浮尘，切片；大葱切长段备用；取煲汤的锅，将剁好的鸡块和红景天放入锅内，加入适量清水；将葱段放入锅内，同时加入适量姜汁；大火煮开后转小火，大约2小时后，加入少许盐和胡椒粉调味即可。

（3）功效：补气清肺，养血益精。

红景天药用配方

（1）配方：红景天、朱砂、蝎子七、索骨丹、石榴皮各6克，水煎服。(《中医药大辞典》下册)

（2）功效：治疗痢疾。

五、食用注意

（1）脾胃虚寒者慎用。

（2）忌吃辛辣或者刺激性食物。

（3）儿童、孕妇慎用。

（4）发烧、咳嗽的人不宜食用。

（5）用量不能多，红景天每次内服用量3~10克。（一般泡水用每天15克左右）

传说故事

红景天的传说

相传，有三位天上的仙女经常到长白山天池中沐浴。有一天，三姐妹正在天池嬉戏，从远方飞来一只美丽的小鸟，将口中衔着的一枚红果吐在小妹佛库伦的衣衫之上。

三姐妹上岸后，佛库伦发现了这枚红果，于是便将其含于口中，不料，竟将这枚红果咽入腹内。待欲飞回天宫之时，佛库伦自觉身子发沉，无法飞上“仙人桥”。只好将刚才吃红果之事告诉了两个姐姐。两位仙女回天宫之后向父母诉说此事，父母也毫无办法。这样佛库伦就只好留在长白山下的一个古洞居住。

不久，佛库伦产下一男婴，取名布库里雍顺。

天上的父母日夜挂念着佛库伦，为了使她能在人间保持健康的身体和强壮的体魄，就派佛库伦的两个姐姐把景天仙草的种子带到长白山，让佛库伦种在古洞四周，并经常采挖食用，强筋健骨，增加活力。

就这样，佛库伦凭着景天仙草的神力，将布库里雍顺抚养长大。长大后的布库里雍顺英姿神武，勇猛彪悍。佛库伦满心喜欢。

一日，佛库伦把布库里雍顺叫到身边，讲述了他的来历后说：“上天让母亲育你成人，是叫你拯救这方百姓，你可不能有负天意啊。我现在给你弓箭一副，宝剑一把，还有一袋景天仙草的根，你下山去吧！”临行时，佛库伦又告诉布库里雍顺：“你常吃的这种景天仙草，我已散播长白山的高山之中，你用光了就可以回来采挖。这种仙草的神力很大，每日食用一小块就行，它会助你神力无穷的。”

就这样，布库里雍顺辞母下山后，村民们推举他为部落首领。此后，他逐步统一了长白山的各个部落，势力日益强大。

决明子

雨中百草秋烂死，阶下决明颜色鲜。
著叶满枝翠羽盖，开花无数黄金钱。
凉风萧萧吹汝急，恐汝后时难独立。
堂上书生空白头，临风三嗅馨香泣。

——《秋雨叹（其一）》（唐）杜甫

一、物种本源

拉丁文名称，种属名

决明子，是蔷薇目、豆科、决明属植物决明（*Cassia obtusifolia* L.）或小决明（*Cassia tora* L.）的干燥成熟种子，又名草决明、还瞳子、羊明、假绿豆、马蹄决明等。

形态特征

决明子的形状常常是方形或短圆柱形，两端近乎平行，稍微有些倾斜，表面绿褐色或深褐色，平滑光泽，背部和腹部各有一条突起的棱线，而棱线两侧有一条浅棕色的线形凹纹。决明子的质地非常坚硬，不容易破碎。在横切面上可以看到薄的种皮和两个黄色的子叶，有S形的褶皱。决明子还带有微弱的气味，味道微苦，稍带黏性。通常以颗粒饱满、色绿带棕者为佳。

决明子

习性，生长环境

决明生于山坡、路边和旷野等处，喜高温、湿润气候，适宜于沙质壤土、腐殖质土或肥分中等的土中生长。决明在我国长江以南的地区都有种植，主要分布于安徽、江苏、浙江、山东、四川等地。

二、营养及成分

决明子富含蛋白质、谷甾醇、氨基酸及脂肪等成分。据测定，油脂含量占决明子总质量的4.7%~5.8%，其中棕榈酸、硬脂酸、油酸和亚油酸为决明子油的主要成分。油脂中还含组氨酸、蛋氨酸等20多种氨基酸以及铁、锌、锰、铜等多种微量元素和维生素A类物质等。此外，决明子中还含有部分蒽醌类化合物，比如大黄素、大黄素甲醚、决明素、黄决明素等。

三、食材功能

性味 味甘、苦，性微寒。

归经 归肝、大肠经。

功能

（1）决明子具有清肝火、润肠燥、驱散风热的功效，同时也具有较好的明目功效，为眼科常用药。

（2）保肝功能。有研究表明，通过口服决明子提取物，能稍微缓解小鼠肝脏四氯化碳中毒现象，决明子甲醇提取物具有一定的护肝效果。

（3）泻下作用。有研究表明，口服决明子流浸膏之后，3~5小时内其泻下作用最厉害。

决明子茶

（1）材料：决明子5克，绿茶5克。

（2）做法：将决明子用小火炒至香气溢出时取出，候凉；将炒好的决明子、绿茶一起放杯中，加入沸水，浸泡3~5分钟后即可饮服。随饮随续水，直到味淡为止。

（3）功效：此茶清凉润喉，口感适宜，具有清热平肝、降脂降压、润肠通便、明目益睛的功效。

决明子茶

山楂决明子茶

（1）材料：山楂15克，决明子10克。

（2）做法：将山楂、决明子除去杂质后放入保温瓶中，冲入刚烧好的开水，浸泡1~2小时后即可当茶饮。饮完后再加开水浸泡，可连续服用3次。

（3）功效：降脂降压。

决明子药用配方

（1）配方：称取黄连5钱、黄芩1两、大黄3两，上为末，蜜丸，每服五十丸，茶清送下。（《明目至宝》决明丸）

（2）功效：治疗赤肿翳膜之症。

五、食用注意

（1）脾胃虚寒、体质虚弱、大便溏泄或气血不足者，不宜服用。

（2）孕妇忌服。

决明子治眼病

从前，有个老秀才，六十岁时得了眼病，看东西看不清，走路拄拐杖，人们都叫他“瞎秀才”。

有一天，一个南方药商从他门前过，见门前有几棵野草，就问这个草苗卖不卖。老秀才反问：“你给多少钱？”药商说：“你要多少钱，我就给多少钱。”老秀才心想，这几棵草还挺值钱，就说：“俺不卖。”药商见他不卖就走了。

过了两天，南方药商又来了，还是要买那几棵草。这时瞎秀才门前的草已经长到三尺多高，茎上已经开满了金黄色的花，老秀才见药商又来买，觉得这草一定有价值，要不然他为何老要买？老秀才还是舍不得卖。

秋天，这几棵野草结了菱形、灰绿色有光亮的草籽。老秀才一闻草籽味挺香，觉得准是好药，就抓了一小把，每天用它泡水喝。日子一长，眼病好了，走路也不拄拐杖了。

又过了一段时间，药商第三次来买野草，看见野草没了，问老秀才：“野草你卖了？”老秀才说：“没有。”老秀才就把野草籽能治眼病的事说了一遍。药商听后说：“这草籽是良药，要不我为何三次来买？它叫‘决明子’，又叫‘草决明’，能治各种眼病，长服能明目。”老秀才因为常饮决明子泡的茶，一直到八十多岁还眼明体健，且吟诗一首：“愚翁八十目不瞑，日数蝇头夜点星，并非生得好眼力，只缘长年饮决明。”

黄芪

孤灯照影夜漫漫，拈得花枝不忍看。
白发欹簪羞彩胜，黄耆煮粥荐春盘。
东方烹狗阳初动，南陌争牛卧作团。
老子从来兴不浅，向隅谁有满堂欢。

——《立春日病中邀安国仍请率禹功同来仆虽不能饮当请成伯主会某当杖策倚几于其间观诸公醉笑以拨滞闷也》（北宋）苏轼

一、物种本源

拉丁文名称，种属名

黄芪，是蔷薇目、豆科、黄耆属植物黄芪［*Astragalus membranaceus*（Fisch.）Bge］的干燥根，又名黄耆、王孙。

形态特征

黄芪呈圆柱形，表面呈淡棕黄色或淡黄棕褐色，有不规则纵皱纹及横长皮孔，有的可见网状纤维束。质坚韧，断面强纤维性。味微甜，有豆腥味。

黄　芪

习性，生长环境

黄芪多生于向阳草地及山坡，在我国，黄芪主要产自内蒙古、山西及黑龙江等地。

二、营养及成分

黄芪主要含黄芪皂苷、黄芪多糖、黄酮类化合物，还含有氨基酸、蛋白质、维生素B_2、叶酸及微量元素等多种成分。

三、食材功能

性味 味甘，性温。

归经 归脾、肺经。

功能

（1）黄芪有益气固表、敛汗固脱、托疮生肌、利水消肿之功效。

（2）增强机体免疫功能。黄芪可提高T淋巴细胞亚群水平，防止化学治疗药物对人体免疫功能的损害，从而增强机体的免疫功能。

（3）延缓衰老。黄芪提取物可以使小鼠血液中超氧化物歧化酶升高，并使小鼠组织中的丙二醛水平显著降低，说明黄芪提取物在一定程度上可以增强机体清除自由基的能力，具有抗氧化作用。

四、烹饪与加工

黄芪炖鸡汤

（1）材料：母鸡1只，黄芪50克，枸杞、红枣、生姜、盐适量。

（2）做法：先将母鸡洗净，放入锅中煮开后捞出冲洗干净；黄芪用

黄芪炖鸡汤

清水浸泡5分钟，备用；枸杞、红枣、生姜洗净，红枣、生姜切片；将所有食材放入锅，大火煮开转小火煮40分钟，食用前加盐即可。

（3）功效：补益气血、滋阴生津、养肝明目。

鲫鱼黄芪汤

（1）材料：鲫鱼200克，黄芪20克，枳壳12克，姜、葱、味精、精盐各适量。

（2）做法：将鲫鱼洗净；黄芪切片，与枳壳一起用纱布袋装好，扎紧口；生姜、细葱洗净切碎；先将药袋入锅，加水适量，煮约半小时，再下鲫鱼同煮，待鱼熟后，捞去药袋，加入姜、葱、精盐、味精调味即成。

（3）功效：补中益气，升举内脏。

黄芪药用配方

（1）配方：黄芪120克（生），甘草24克，水煎，每日1~2剂，分早、晚2次温服。（《王清任医方精要》）

（2）功效：大补元气，清热解毒，和中止痛。

五、食用注意

表实邪盛、气滞湿阻、食积停滞、痈疽初起或溃后热毒尚盛等实症，以及阴虚阳亢者，均须禁服。

传说故事

黄芪的故事

传说南陈柳太后有一年中了风，嘴巴也歪了，既不能言语也不能服药，御医们想了很多办法，可就是效果不佳。

许胤宗给柳太后看过之后，命人做了十多剂治疗中风的黄芪防风汤，其他御医看了说：“明明知道太后不能喝药，还做这么多汤药有什么用啊！”许胤宗笑答说：“虽然太后现在不能用嘴喝，但是我可以用其他办法让太后服药。”他叫人把滚烫的汤药放在太后的床下，汤气蒸腾起来，药气在熏蒸时便慢慢进入了太后的肌肤，并从肌肤进入身体，药效逐渐发挥，达到了调理气血的作用。

在被汤药熏蒸了数小时后，柳太后病情终于有了好转，当天晚上就能说话了。之后经过一段时间调理，柳太后便康复了。许胤宗因为治好柳太后的中风而出了名。

路路通

醉入农家去，哼歌荒野中。
丛林青草里，亦有路路通。
——《采药吟》（现代）
陈碧成

一、物种本源

拉丁文名称，种属名

路路通，是蔷薇目、金缕梅科、枫香树属植物枫香树（*Liquidambar formosana* Hance）冬天采集的干燥成熟果序，又名枫树果、九孔果等。

形态特征

路路通为聚花果，大部分由小胶囊组成，球形，直径2~3厘米。基部有一个完整的果柄。表面呈灰褐色或棕褐色，有许多尖刺和小而钝的喙形刺，长0.5~1毫米，常折断，小蒴果顶部开裂，有蜂窝状小孔。果体轻、坚硬、味淡。

路路通

习性，生长环境

枫香树生长于山区常绿阔叶林，分布于秦岭和淮河以南。在我国，路路通主要产于江苏、浙江、安徽、福建、湖北、湖南、陕西等地。

二、营养及成分

路路通主要含苏合香素、左旋肉桂酸龙脑酯、环氧苏合香素、异环氧苏合香素、氧化丁香烯、白桦脂酮酸（即路路通酸）等成分。此外，它还含桦木酮酸、路路通内酯、齐墩果酸、熊果酸、胡萝卜苷、没食子酸、正三十烷酸、氧化石竹烯等多种萜类化合物及挥发油。

三、食材功能

性味 味苦，性平。

归经 归肝、肾经。

功能

（1）路路通有祛风祛湿、理肝通络、补水的功效。适用于风湿关节痛、四肢麻木、手脚缩窄、腹痛、闭经、水肿肿胀、湿疹等。

（2）保肝作用。在路路通7个分离组分中，其甲醇提取物桦木酸具有明显的抗肝细胞毒性作用。在体外实验中，能明显减弱四氯化碳和半乳糖诱导的原代培养大鼠肝细胞的细胞毒性。

（3）缓解高血脂。路路通果实中含有降血脂的营养成分，长期饮用路路通水提液可缓解高血脂、血栓、血流不畅和脑梗塞等症状。

（4）下乳汁。路路通能够通经脉，下乳汁，常用于治疗女性产后乳腺不通、乳房肿痛或乳少等症状。

四、烹饪与加工

路路通茶

（1）材料：路路通5克，花茶3克。

路路通茶

（2）做法：将路路通和花茶用200毫升开水冲泡后饮用，冲饮至味淡。

（3）功效：适用于肢体痹痛、手足拘挛、胃痛。

香附路路通蜜饮

（1）材料：香附20克，路路通30克，郁金10克，金橘叶15克，蜂蜜30毫升。

（2）做法：将香附、路路通、郁金、金橘叶洗净，入锅；加入适量水，煎煮30分钟，去渣取汁；待药汁转温后调入蜂蜜30毫升，搅匀即成；上午、下午分服。

（3）功效：有利于乳腺增生患者解决气滞血瘀的问题。

路路通药用配方

（1）配方：路路通5钱，煎服。（《浙江民间草药》）

（2）功效：治耳内流黄水。

五、食用注意

（1）孕妇忌食用。

（2）阴虚内热者不宜食用。

（3）虚寒血崩者勿服。

传说故事

戚家军与路路通

明朝嘉靖年间，倭寇大举进犯我国东南沿海各省，烧杀抢掠，无恶不作，极大地扰乱了我国沿海居民的生活和劳作。

嘉靖三十八年（1559年），戚继光在浙江义乌招募农民和矿工成立了“戚家军”。“戚家军”纪律严明，作战勇猛，战功卓著，深受当地百姓爱戴。此后十年间“戚家军”征战东南沿海各省，百战百胜，重创倭寇，终致倭寇不敢再犯我国东南沿海各地。

由于“戚家军”常年征战在外，风餐露宿，加之东南沿海多为丘陵沼泽之地，湿气较重，大部分“戚家军”士兵都患有关节疼痛、肿胀等毛病，严重影响了平时训练。

这可急坏了统兵的戚继光。当地众多名医诊治之后，虽然士兵的症状有所缓解，但是不久后关节疼痛肿胀的症状又会出现甚至加重。

作为将领，戚继光深知士兵训练水平下滑，将直接导致部队战斗力下降，作战时不仅会打败仗，更会让很多年轻士兵丢掉性命。因此，戚继光茶不思饭不想，一夜之间头发都白了大半。

当地百姓听说这些事情后，甚是痛惜这些年轻的士兵。其中有一老农在孙子的陪同下，来到戚继光的军营，要面见戚继光将军。老农见到戚将军事情后，便对满脸愁容的戚继光说：“老朽听说戚将军在为军中士兵的关节疼痛而犯愁，特前来告诉戚将军一个治疗此疾的方法。”

戚继光恭敬地说：“老人家请讲，鄙人愿听其详。”

老农接着说道：“老朽世代居住在此，祖上为当地的草医，因此老朽对草药也略知一二。在我们当地有一种树叫枫香树。其树结果，表面灰色，上有多个鸟嘴状针刺。其上有九孔相通，俗称‘九孔子’，能疗此疾。将军可命人随老朽去摘此果，在军中以火焚之，让士兵闻其烟即可痊愈。”

戚继光听后兴奋不已，随即便亲自带人跟随老农去采摘“九孔子”。采摘完后，戚继光便命士兵列队站好，在军营中焚烧起来，军中顿时烟雾弥漫，有掩鼻者便会被戚继光怒斥。

此后，每天早上操练前和睡觉前都会在军营中焚烧“九孔子”，渐渐地军中士兵关节疼痛肿胀的症状消失了，训练也越来越有热情了。看到这些，戚继光喜上眉梢，往日的愁容一扫而光。戚家军也越战越勇，终于平定了东南沿海各地的倭寇之乱。

石斛

百部披寻手不停，肠留藁本味精英。
林泉甘遂高良性，石斛何如五斗轻。

——《次韵补之药名十绝（其四）》（南宋）李光

一、物种本源

拉丁文名称，种属名

石斛（*Dendrobium nobile* Lindl.），是天门冬目、兰科、石斛属植物，又名禁生、石蓫、悬竹等。

形态特征

石斛茎直，肉质肥厚，稍扁，呈圆柱形，长10~60厘米，粗达1.3厘米，上部多回折状弯曲，基部明显收狭，没有分枝，具多节。干后呈金黄色。

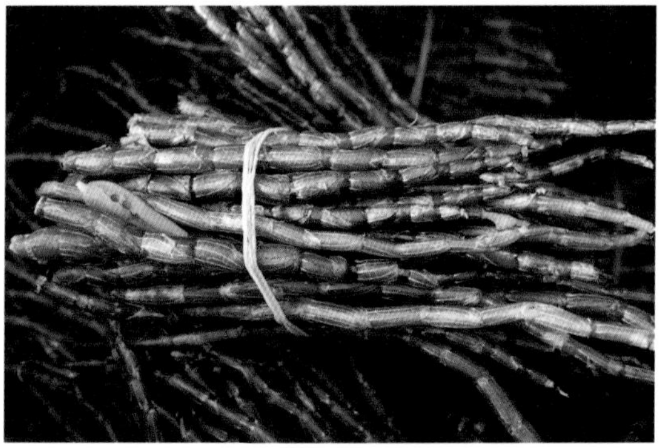

石斛鲜品

习性，生长环境

石斛喜在温暖、潮湿、荫蔽、散射光充足的环境中生长，忌阳光直射和太阳暴晒。其生长环境以年降雨量110~1500毫米、空气湿度大于80%、1月平均气温高于8℃的亚热带深山老林为佳，对土肥要求不严格。野生石斛多在疏松且厚的树皮或树干上生长，有的也生长于石缝中。在我国，石斛大多产于安徽、湖北、海南、广西、四川、贵州、云南、西藏等地。

二、营养及成分

石斛含多糖、淀粉、黏液质、豆甾醇、生物碱类（如石斛碱，石斛次碱等）、二苯乙烯类、萜类、黄酮类、氨基酸、微量元素等成分。不同石斛所含物质含量差别较大，石斛中多糖含量通常为6.9%~26.9%，氨基酸总量为3.6%~8.1%。

三、食材功能

性味 味甘，性微寒。

归经 归胃、肾经。

功能

（1）滋阴、清热、养胃，有利于调理和恢复阴伤、口干、少食、干呕、病后虚热、目暗不明等症状。

（2）降血糖作用。金钗石斛可以使糖尿病大鼠的空腹血糖、血清尿素氮以及肌酐浓度等指标显著下降，说明其具有保护糖尿病大鼠肾脏的潜在作用。

（3）防治肝损伤作用。从金钗石斛中提取出的多糖对肝纤维化大鼠（由四氯化碳复合乙醇所致的）的肝功能损伤具有明显治疗效果。

石　斛

四、烹饪与加工

石斛鸡汤

（1）材料：乌骨鸡半只，石斛75克，茯苓片8克，西洋参8克，盐适量。

（2）做法：乌骨鸡洗净、切块，放入滚水中汆烫去血水，捞出沥干备用；石斛、茯苓片、西洋参洗净备用；将所有材料放入锅中，加水至2/3处煮开，小火慢炖至鸡肉熟烂，加入盐调味即可。

（3）功效：开胃健脾，强筋健骨。

石斛麦冬茶

（1）材料：石斛15克，麦冬10克，绿茶5克。

（2）做法：将石斛、麦冬和绿茶洗净一并放入茶杯内，用开水冲泡。

（3）功效：养阴清热，生津利咽。尤其适合熬夜一族，治虚火上炎。

石斛药用配方

（1）配方：称取去根石斛和仙灵脾（锉）各30克，苍术（米泔浸，切，焙）15克，上三味，捣罗为散。每次服用9克，空腹时用米汤调服，一天服用2次。（《圣济总录》石斛散）

（2）功效：对雀目之症（即白天眼睛看物体清晰，而在夜幕降临天色昏暗时眼睛看不到东西的症状）的人具有治疗效果。

五、食用注意

（1）石斛属于甘寒之品，可以愈邪助湿，所以温热病尚未化燥者不宜过早食用，而且患有湿温病的人应当忌用。

（2）脾胃虚寒者不可食用。

石斛延年益寿的传说

很久很久以前，有个张孝子，他的老父亲因劳累过度终年卧病在床。张孝子家里很穷，为了给老父亲治病不惜花光了所有的钱。但是老父亲的病依然不见起色，眼看着就要不行了。

一天，老父亲对张孝子说：“不要再给我治病了，留着钱好好生活，娶妻生子。”张孝子听后更是伤心愧疚不已，自责不能治好老父亲的病，不能让老父亲安享晚年。

这时候来了一位须发尽白的老人，对张孝子说：“这座大山的峭壁上生长着一棵千年的石斛，谁要是找到会变得有福气，要是吃到肚子里去，能够消除百病，延年益寿。”张孝子听后非常高兴，立刻要去寻找这株千年石斛为老父亲治病。白发老人提醒他，悬崖峭壁，随时有丧命的危险。

张孝子毫不畏惧，决定登上悬崖峭壁寻找石斛。他找了许多天，衣服、手臂都被锋利的岩石划破了，仍然不放弃，终于在最高峰上找到了那株千年石斛。他把石斛给老父亲食用后，老父亲果然药到病除了。大家都说那白发老人是神仙，这株石斛是仙草！

土茯苓

故里杉松表，归程笋蕨初。
杯多常失饭，囊罄只留书。
海墨收秦弃，山粮拾禹余。
古来仙隐者，多在赤城居。

——《送胡宗原还台山》
（南宋）周弼

一、物种本源

拉丁文名称，种属名

土茯苓，是百合目、菝葜科、菝葜属植物光叶菝葜（*Smilax glabra* Roxb.）的干燥根茎，又名仙遗粮、刺猪苓。

形态特征

土茯苓近似圆柱形状，或呈现出不规则的条块状，有结节状的隆起和短枝。表面颜色呈黄棕色，会出现凹凸不平状，一般突起顶端和分枝顶端会残留硬纤维根，分枝顶端有圆形芽痕，有时表现出不规则的裂纹，且会有残留的鳞叶。质地比较坚硬，通常难以折断。截面呈类白色，中间略见有维管束点，可以见到沙砾样的小亮点（经水煮后仍旧存在）。气味较为微弱，味道淡且涩。

习性，生长环境

光叶菝葜多生于林下、灌木丛下、山谷阴处或河岸边，林缘与疏林中也同样能见到。我国土茯苓资源非常丰富，采收旺季为春秋两季，主产于长江流域以南地区。

土茯苓

二、营养及成分

土茯苓含有丰富的化学成分，包括大量黄酮类成分，如落新妇苷、槲皮素、异黄杞苷等；甾醇类以及皂苷类成分，如豆甾醇、β-谷甾醇等；有机酸类成分，如琥珀酸、棕榈酸、油酸等；还有挥发油、无机元素、蛋白质等其他成分。

三、食材功能

性味 味甘、淡，性平。

归经 归肝、胃经。

功能

（1）解毒，除湿，益关节，尤其是擅解湿热毒。

（2）抗炎作用。土茯苓中富含黄酮类成分，所以在抗炎方面有积极作用。用不同剂量的土茯苓总黄酮溶液对痛风性关节炎模型小鼠灌胃后，发现土茯苓总黄酮可以显著降低小鼠踝关节肿胀度以及滑膜组织中的相应指标。

土茯苓

（3）改善肾功能。研究发现，土茯苓具备改善糖代谢和保护肾功能的作用，能不同程度地改善大鼠糖代谢以及肾功能。

四、烹饪与加工

土茯苓粥

（1）材料：土茯苓50克，粳米100克，白糖适量。

（2）做法：将土茯苓去杂洗净切碎，粳米淘洗干净，锅中放入粳米和适量的水，煮沸加入土茯苓烧至熟烂，加入适量白糖搅匀，出锅装碗即可。

（3）功效：健脾胃，强筋骨，祛风湿。

土茯苓猪骨汤

（1）材料：猪脊骨500克，土茯苓50～100克。

（2）做法：猪脊骨加适量水熬成3碗，去骨及浮油，加入土茯苓，再熬至2碗即可。

（3）功效：健脾利湿，补阴益髓。

土茯苓药用配方

（1）配方：称取白术50克，去皮后的土茯苓35克。上细切，水煎50克，在吃饭之前服用。（《原病式》茯苓汤）

（2）功效：治疗湿泻之症。

五、食用注意

肾虚多尿、虚寒滑精、气虚下陷、津伤口干者慎服。

传说故事

大禹首食土茯苓

相传4000多年前，大禹率数百部下在现在的山东西南部山区疏导积水。大禹赤裸上身，和部下一起用耒耜等工具挖掘沙石，还和部下每天同吃两顿饭。有一天傍晚，伙头来禀报："大王，锅里的米饭做好了，可以用饭了吗？"大禹摸摸早已扁塌的肚子，看看饥饿无力的众人，把肌肉凸显的黑褐色胳膊一挥，高声下令："开饭了！开饭了！"众人立刻朝饭锅奔去。

铜锅里的小米饭黄灿灿的，冒着诱人的香味。因为带来的粮食不多了，伙头给每个人的土陶碗里就放一勺，只能节省着吃。当大禹把土陶碗递过来时，伙头给盛上一勺，刚要再搭上一勺时，大禹快速把碗抽回。他平静地说："算了，我吃多了，就会有人没饭吃。"吃着饭，伙头偷偷对大禹说："大王，咱的小米不多了，是不是派人回去运啊？""啊？你不早说，今天天晚了，我明天派人去运吧。"

深夜，大雨骤降，如同瓢泼。用树枝搭起的棚子不停地漏水，大禹和部下起身蹲着，等待雨停，等待天亮。可天不遂人愿，天亮了，大雨却没有要停的样子。天又黑了，大雨也没见变小。大禹和众部下饿着肚子在棚子里熬着。大雨一直下了两天两夜。山沟里的洪水漫上山坡，把大禹和部下所处的大山变成了一座孤岛。大禹立刻指挥大家疏通洪水。

两天没有吃饭了，围山的洪水只退了一点点，大家的肚子饿得咕咕直叫。不时有人来报："又饿昏了一个。"大禹支撑起身子，看着洪水，竭力思考逃生的良策。

他突然看到满山的土茯苓，绿油油的叶子在阳光下闪动，被水冲出的块茎肥厚。他灵机一动，招呼部下：“兄弟们，我们不能在山上等死。我先尝尝这些叶子能不能吃。”说罢，他撸一把土茯苓叶子填进嘴里，用力一嚼，皱着眉头咽了下去。等了片刻，他感到身体没有不适。他大声喊：“兄弟们，吃这些叶子啊，就是有点苦，但是吃了就不饿了。”众人一听，纷纷把土茯苓叶子往嘴里填。大禹又招呼大家帮伙头挖沙土里的块茎，伙头用铜锅煮叶子和块茎，人们又能一天吃上两顿饭了。大家吃了几天土茯苓的叶子和块茎，保住了性命。

洪水退去，粮食运来了。他们又继续疏导积水了。后来人们得知救命的植物叫土茯苓。为了纪念大禹冒着生命危险亲尝土茯苓，又给它起名叫禹余粮。

地骨皮

神草如蓬世不知，壁间墙角自离离。
辛盘空芼仙人杖，药斧惟寻地骨皮。
千岁未逢朱孺子，四时堪供陆天随。
霜晨忽讶春樱熟，闲摘殷红绕断篱。

——《赋枸杞》（南宋）蒲寿宬

一、物种本源

拉丁文名称，种属名

地骨皮，是管状花目、茄科、枸杞属植物枸杞（*Lycium chinese* Mill.）或宁夏枸杞（*Lycium barbarum* L.）的干燥根皮，又名枸杞皮。

形态特征

地骨皮呈圆筒状、槽状或不规则卷片，筒体直径0.5~2厘米，厚为1~3毫米。外表面呈土黄色或灰黄色，粗糙，有交错裂纹，容易剥落；内表面为黄白色，有细小的纵向条纹。质地较脆，折断面分为内外两层，外层呈土黄色；内层呈类白色，微有香气，味稍甜。

地骨皮

习性，生长环境

枸杞常常生长在山坡、荒地、丘陵地、盐碱地、路旁及村舍旁的向阳干燥处，喜欢光照。适宜在肥沃且排水良好的中性或微酸性轻壤土中进行栽培，要求盐碱土的含盐量不能超过0.2%，不适宜在强碱性、黏壤土、水稻田和沼泽等地区种植。地骨皮在我国分布广泛，各地区都有分布。

二、营养及成分

地骨皮多作药用，从地骨皮中已经分离出多种类型的化合物，包括生物碱、肽、酚酰胺、黄酮及有机酸衍生物等，根皮当中还含有甜菜碱、枸杞酰胺、β-谷甾醇、柳杉酚、蜂花酸、亚油酸和桂皮酸等成分。

三、食材功能

性味 味甘，性寒。

归经 归肺、肝、肾经。

功能

（1）主要用于阴虚潮热、骨蒸盗汗、肺热咳嗽、咯血、衄血及内热消渴等症状，具有凉血除蒸、清肺降火的功效。

（2）降血糖作用。研究人员对患四氧嘧啶糖尿病小鼠用地骨皮水煎液灌胃2周，结果表明地骨皮汤具有降血糖的作用。

（3）降压作用。有研究者将地骨皮甲素静脉注射于大鼠后发现其具有明显降压活性。

地骨皮

四、烹饪与加工

地骨皮猪骨汤

（1）材料：地骨皮30克，玉米、胡萝卜各1根，猪骨头400克，盐适量。

（2）做法：猪骨头放入凉水锅中，焯去血沫；地骨皮洗净，用清水泡；玉米、胡萝卜改刀切小块，猪骨头焯好水后，再次洗净；把猪骨头、地骨皮、水倒入锅内，开火煮1小时。玉米段、胡萝卜块放入锅内，继续煮1小时，食用前加入适量的盐调味即可。

（3）功效：泻热宁心，养阴生津。

地骨皮粥

（1）材料：地骨皮30克，桑白皮10克，麦冬10克，大米50克。

（2）做法：取地骨皮、桑白皮、麦冬放入砂锅浸泡20分钟；然后煎20分钟，去渣取汁；将汁、大米一起煮为稀粥即可。

（3）功效：清肺凉血，生津止渴。

地骨皮药用配方

（1）配方：地骨皮2两，柴胡（去苗）1两。上二味捣罗为散，每服2钱匕，用麦门冬（去心）煎汤调下。（《圣济总录》地骨皮散）

（2）功效：治疗热劳之症。

五、食用注意

（1）脾胃虚寒者忌服。

（2）假热者勿用。

传说故事

慈禧与地骨皮

传说有一天，慈禧太后觉得胸闷，眼睛模糊，御医们全都束手无策。有位钱将军对御医们说起了一件事。原来，他母亲也曾患过类似的病，久治不愈。后来，一位土郎中挖来枸杞根，洗净后剥下根皮，嘱其煎后服用，吃后能清心明目。他照着做了，不到七日母亲就痊愈了。众御医听闻便推举钱将军向太后献上药方。

慈禧太后立即诏令钱将军回乡取药。钱将军不负众望，从家乡取回一大包枸杞根皮。太后连服七日，果然眼睛渐渐明朗，精神也好多了，便问钱将军用的是何种妙药。钱将军忖思，枸杞的“枸”和“狗”同音，为免太后生疑，便择个吉利的名称“地骨皮”。太后欣然赞道：“好，我吃了地骨皮，可与天地长寿!”

慈禧太后金口一开，这个消息很快就传遍了京城的中药铺。这产于浙江嘉善县魏塘小镇的地骨皮便成了京城的一种名贵药材。

竹茹

守闲事服饵，采术东山阿。东山幽且阻，疲苶烦经过。
戒徒劚灵根，封植闷天和。违尔涧底石，彻我庭中莎。
土膏滋玄液，松露坠繁柯。南东自成亩，缭绕纷相罗。
晨步佳色媚，夜眠幽气多。离忧苟可怡，孰能知其他。
爨竹茹芳叶，宁虑瘵与瘥。留连树蕙辞，婉娩采薇歌。
悟拙甘自足，激清愧同波。单豹且理内，高门复如何。

——《种术》（唐）柳宗元

一、物种本源

拉丁文名称，种属名

竹茹，是禾本目、禾本科、簕竹属植物青秆竹（*Bambusa tuldoides*）、绿竹属植物大头典竹（*Sinocalamus beecheyanus* var. *pubescens* P. F. Li）或刚竹属植物淡竹（*Phyllostachys nigra* var. *henonis*）的茎秆在去除外皮之后刮出的干燥中间层，又名淡竹茹,青竹茹。

形态特征

竹茹是不规则的丝条，卷曲成团，或为长条形薄片。宽窄厚薄不相同，色泽呈浅绿色或黄绿色。质地柔韧，具有一定弹性。气味微弱，味道较淡。

习性，生长环境

青秆竹主要生长在平地和丘陵上，主要分布于广东和广西。大头典竹，生于山坡、平地或路旁，主要分布于广东、海南及广西。淡竹，多生于丘陵及平原，主要分布于黄河流域至长江流域间以及陕西秦岭等地，尤以江苏、山东、浙江、安徽、河南等地分布较多。

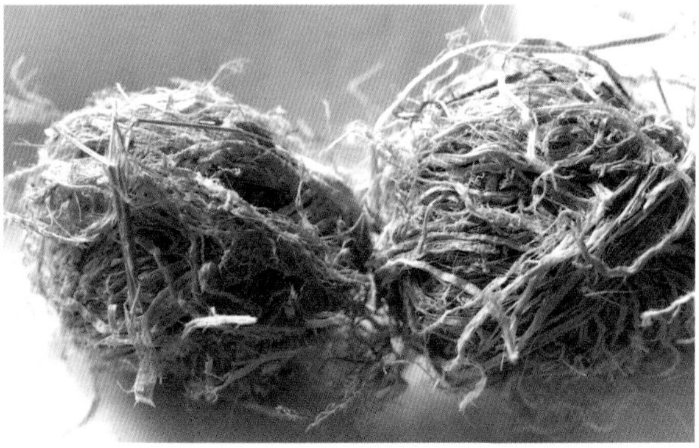

竹 茹

二、营养及成分

竹茹多入药，中医药对竹茹成分和药理的研究比较贫乏。在《中药辞海》提及竹茹中含有抑制环磷酸腺苷（cAMP）磷酸二酯酶作用的成分，包括对羟基苯甲醛、丁香醛等。

三、食材功能

性味 味甘，性微寒。

归经 归胃、胆经。

功能

（1）竹茹可以清胃腑之热，是治疗虚烦烦渴、胃虚呕逆等症状的重要药材。

（2）咳逆唾血、产后虚烦等症都适宜用竹茹进行调理。

（3）调节肠道菌群作用。竹茹富含多糖，多糖对于维持肠道菌群稳定，保护肠道屏障具有重要意义。研究表明，竹茹多糖对于预防小鼠膳食诱导型肥胖具有积极的调节作用，且能够提高膳食诱导型肥胖小鼠的肠道微生物群落多样性。

（4）抗氧化作用。研究表明，竹茹黄酮可明显地降低丙二醛的生成，增高超氧化物歧化酶的活性，说明竹茹黄酮具有一定的抗氧化效果。

四、烹饪与加工

竹茹陈皮粥

（1）材料：竹茹10克，陈皮10克，粳米50克。

（2）做法：将陈皮切细丝备用；竹茹加水煎煮，去渣取汁，用其汁与粳米一起煮粥，后加入陈皮丝，稍煮即可。

（3）功效：清热化痰，和胃除烦。

竹茹陈皮粥

竹茹茶

（1）材料：竹茹5克，绿茶3克。

（2）做法：将竹茹、绿茶用200毫升开水冲泡5～10分钟即可。

（3）功效：治疗烦热呕吐、痰黄稠。

竹茹药用配方

（1）配方：青竹茹、橘皮各18铢，茯苓、生姜各1两，半夏30铢。以上五味药混合后加水6升，煮制浓缩至2升半，分3次服用，不瘥，频作。(《千金方》)

（2）功效：治疗妊娠恶阻呕吐，不下食之症。

五、食用注意

适于感冒痰咳、胃寒呕吐、脾虚腹泻者服用。

传说故事

橘皮竹茹汤的来历

相传，东汉名医张仲景在长沙当太守时，一边参与社会管理，一边行医著书。他为人和蔼踏实，经常到民间走访，是典型的“理性人，良家父”。

一天，张仲景在长沙南门口私访时，路过一家农户。农户见是太守来访，又正是吃饭时间，赶紧设席款待。

席间，农户做了满满一桌子菜肴，以示尊敬。

太守询问农户田间耕作以及喂养牛羊等情况，农户都如实回答。就在大家边吃边聊的时候，农户的妻子突然呕吐了。当着太守的面呕吐，这可是大不敬。

随行的官员怒斥妇人，说她太不懂礼貌，公然藐视朝廷命官，要治她的罪。

淳朴的农户顿时吓破了胆，从座位上滑到了地上，跪着连连告罪，一只手还拉扯着妇人，意思让她也跪下来。可是妇人肚子太大，动作有些缓慢。

眼看妇人艰难地就要跪下了，张仲景连忙说：“罢了，不碍事，免罪！”

妇人站在一边，又开始呕吐了。

张仲景放下碗筷，走向妇人，让妇人坐在座位上。

他问农户：“令正怀有身孕多久了？”

农民还没反应过来，张仲景又问了一遍。

“六个多月了。”农户诚惶诚恐地回答道。

张仲景开始给妇人把脉、查舌。随后叫随从拿出毛笔和纸，写下了由竹茹、人参、陈皮、生姜等诸味药材组成的方子，这就是张仲景《金匮要略》中的著名经方——“橘皮竹茹汤”。

张仲景写完药方后，笑了笑，对农户说：“没事，我们继续吃饭，吃完饭就去买药。”农户连连跪谢张太守的恩典。

张仲景后来在写《伤寒杂病论》时，也记录了这个药方。

竹叶卷心

山窗游玉女，涧户对琼峰。
岩顶翔双凤，潭心倒九龙。
酒中浮竹叶，杯上写芙蓉。
故验家山赏，惟有风入松。

——《游九龙潭》
（唐）武墨

一、物种本源

拉丁文名称，种属名

竹叶卷心，是禾本目、禾本科、淡竹叶属多年生草本植物淡竹叶（*Lophatherum gracile* brongn.）的干燥茎叶，又名淡竹叶、迷身草等。

形态特征

淡竹叶为多年生草本植物，高40～100厘米，有短缩而稍木质化的根茎，须根中部常膨大为纺锤形的块根。茎丛生，细长直立，中空，表面有微细的纵纹，基部木质化。

习性，生长环境

淡竹叶生长于山坡林下及沟边阴湿处。在我国，竹叶卷心主要产于江苏、安徽、浙江、江西、湖北等地。

竹叶卷心植物

二、营养及成分

竹叶卷心含有维生素、氨基酸、有机酸、酚类化合物和单宁、皂苷、还原糖、蛋白质、多糖和糖苷、洋葱醌、香豆素和萜内酯化合物、类固醇和叶绿素等物质。

三、食材功能

性味 味苦，性寒。

归经 归心、肝经。

功能

（1）竹叶卷心具有清心除烦、消暑止渴、利尿、解毒的功效。

（2）竹叶卷心有解热作用，并能增加氯化钠的排泄而呈利尿作用。临床上常用竹叶卷心治热病口渴、心烦、口糜舌疮、牙龈肿痛等。

四、烹饪与加工

竹叶石膏汤

（1）配方：竹叶卷心6克，石膏5克，半夏9克，麦门冬20克，人参6克，甘草（炙）6克，粳米10克。

（2）做法：上六味，以水1斗，煮去6升，去渣，内粳米，煮米熟，汤成去米，温服1升，日三服。

（3）功效：清热生津，益气和胃。

竹叶卷心茶

（1）配方：竹叶卷心6克，生地黄6克，绿茶3克，白砂糖适量。

（2）做法：将竹叶卷心、生地黄、绿茶、白糖一同用热水冲泡约

20分钟，即可饮用。

（3）功效：清热去火，利尿。

竹叶卷心茶

竹叶卷心药用配方

（1）配方：元参心9克，莲子心1.5克，竹叶卷心6克，连翘心6克，犀角尖6克（磨冲），连心麦冬6克，知母9克，银花6克。水煎，加竹沥50毫升冲入服。（《温病条辨》卷二）

（2）功效：治暑温蔓延三焦，邪气久留。

五、食用注意

（1）内有实热、血糖高者不宜长用。

（2）体虚有寒者或孕妇忌服。

（3）阴虚火旺、骨蒸潮热者忌服。

（4）肾亏尿频者忌服。

竹到人间

相传古时凡间没有竹子，竹子只长在王母娘娘的御花园中。

竹子受仙霖甘露浇灌，长得俊秀挺拔。神仙们都十分喜爱仙竹。特别是王母娘娘，更是宠爱有加。她命侍女朝霞仙子照料仙竹，朝霞仙子对仙竹也喜欢万分，每天悉心呵护。仙竹仿佛也懂她的心思，只要朝霞仙子从旁经过，便招展身姿，向她致意问好。

天上虽好，可朝霞仙子却向往人间有死有生有泪有笑的生活。她和其他仙女们谈起人间生活时总说："要是能在人间活一天，我连神仙也不要做了！"可仙女们都笑她痴人说梦。仙女下凡是犯天规的。

说到梦，还真的来了。王母娘娘在蟠桃会上乘兴多喝了几杯百花仙子酿的百花露，这百花露喝上一杯，神仙也得醉三天，更何况多喝了好几杯。朝霞仙子明白这一醉至少也要十天半个月，真是千载难逢的好机会啊！

朝霞仙子悄悄地带了一些仙竹，从南天门溜到了人间。从此，人间就有了挺拔俊俏的竹子。

白芷

清溪一道穿桃李，演漾绿蒲涵白芷。
溪上人家凡几家，落花半落东流水。
蹴鞠屡过飞鸟上，秋千竞出垂杨里。
少年分日作遨游，不用清明兼上巳。

——《寒食城东即事》（唐）王维

一、物种本源

拉丁文名称，种属名

白芷，是伞形目、伞形科、当归属植物白芷［*Angelica dahurica*（Fisch. ex Hoffm.）Benth. et Hook. f.］或杭白芷［*Angelica dehurica*（Fisch. ex Hoffm.）Benth. et Hook. f. var. formosana（Boiss）Shan et Yuan］的干燥根，又名香白芷、白茝等。

形态特征

白芷是一种高大的多年生草本植物，高1～2.5米，根圆柱状，茎基部直径2～5厘米，有时可达7～8厘米，通常呈紫色。基生叶羽状分裂，顶生或侧生复合伞形花序，果实长圆形或椭圆形。外表皮黄褐色至褐色，有浓烈气味。

白　芷

习性，生长环境

白芷一般生长于林缘、溪边、落木丛和山谷草原。在我国，产于河北的白芷，我们习惯上称之为“祁白芷”；产于河南的白芷，我们习惯上称之为“禹白芷”；产于浙江的白芷，我们习惯上称之为“杭白芷”；产于四川的白芷，我们习惯上称之为“川白芷”。

二、营养及成分

白芷中含有多种有效成分，包括挥发油和香豆素类、生物碱类、多糖类、黄酮类等，其中挥发油约为0.2%，香豆素类为0.2%~1.2%。杭白芷中多糖含量丰富，约为15.4%。此外，白芷中还含有其他类活性成分，如木脂素、苷、甾醇等。

三、食材功能

性味 味辛、苦，性温。

归经 归肝、胃、膀胱经。

功能

（1）白芷具有祛风解表、散寒除湿、消痈排脓、通窍止痛的功效。

（2）白芷具有调节中枢神经系统的作用。有研究者发现白芷总挥发油在外周能显著降低血中单胺类神经递质的含量，降低去甲肾上腺素从而产生镇痛作用。

白　芷

四、烹饪与加工

白芷炖肉

（1）材料：白芷20克，羊肉500克，白萝卜200克，葱、姜、料酒、盐适量。

（2）做法：白芷用清水浸泡，切成薄片；羊肉、白萝卜洗净切成块，将白芷、羊肉、白萝卜、料酒、葱、姜放入炖锅煮开，转文火炖煮40分钟，加入盐即可。

（3）功效：发散风寒，祛风止痛。

桃花白芷酒

（1）材料：桃花25克，白芷30克，白酒500～1000毫升。

（2）做法：桃花与白芷同浸于酒中，容器密封，1个月后即可服用。

（3）功效：活血通络，润肤祛斑。

白芷药用配方

（1）配方：白芷4钱，生乌头1钱。以上药材研碎成粉末状，每次服用1字，用茶进行调服。（《朱氏集验医方》白芷散）

（2）功效：治疗头痛及眼睛痛。如果有人患有眼睛痛的疾病，先用嘴含水，然后将此药粉末搐入鼻中，这样见效更快。

五、食用注意

脾虚便溏及有胃寒症状的人慎服。

传说故事

白芷治头痛目眩

相传，古时苏州有一位李秀才，家境虽然贫寒，仍争分惜秒，埋头苦读经书，可谓废寝忘食。时间一久，他经常头痛目眩。

一日傍晚，头昏脑涨的李秀才外出散心，行至屋后山中，正欲赋诗，忽闻一阵嘈杂声。李秀才循声搜寻，发现前方一老鹰正在捕食白兔。眼看那白兔遍体鳞伤，敌不过老鹰，李秀才赶紧拾起一根竹竿朝老鹰打去，老鹰弃兔而逃。李秀才救下白兔，将其带回家中为它细心包扎伤口。

白兔为报救命之恩，临别前特地交代李秀才，日后若有难事，只需在后山连呼三声“白兔仙女”，定予以帮助。

白兔仙女走后不几日，李秀才又头痛发作，实在难忍。他忽然想起白兔临行前的交代，赶忙跑至后山连呼三声“白兔仙女”，却不见白兔仙女踪影，又急呼数声，仍是不见。李秀才只好回到家中。

次日，一位老郎中寻上门来，从药囊中取出三粒药丸交给李秀才，嘱咐其连服三天。李秀才问：“此乃何药？汝是何人?”郎中只答：“白芷一味，以清汤咽下。”便拂袖而去。

李秀才遵嘱服药。说也神奇，服下白芷，药到病除，此后更加发愤读书。

白芷可入药治头痛目眩等病症由此在民间广为流传。

川芎

芎苗高一丈，细花如申椒。
不独服芎根，衣佩或采苗。
清芬袭肌骨，岁久亦不消。
所以湘浦客，洁修著高标。
我老苦多病，风寒首频摇。
愿移一百本，溉根豁烦嚣。
虽无下女遗，乾叶插盈腰。
逃泥贯日暮，不学楚人谣。

——《药圃五咏（其四）川芎》（元）方一夔

一、物种本源

拉丁文名称，种属名

川芎，是伞形目、伞形科、藁本属多年生草本植物川芎（*Ligusticum chuanxiong* Hort.）的干燥根茎，又名山鞠穷、雀脑芎、香果等。

形态特征

川芎为多年生草本植物，高40～60厘米。茎直立，圆柱形，具有纵条纹，上部多分枝，下部茎节膨大呈盘状（苓子）。茎下部叶具柄，柄长3～10厘米，基部扩大成鞘根状，呈不规则的结节状拳头状块形，香气浓郁。

川芎植物

川　芎

习性，生长环境

川芎适宜生长在气候温和、雨量充沛、日照充足的地方，喜土层深厚、疏松肥沃、排水良好、有机质含量丰富、中性或微酸性的沙质壤土。在我国，川芎主要产于四川、江西、江苏、云南、内蒙古等地。花期为7—8月份，果期为9—10月份。

二、营养及成分

川芎中所含化学成分丰富，主要有挥发油、生物碱、多糖等。研究表明，川芎中含有约5.7%的多糖和1%的挥发油。川芎挥发油中已鉴定出60多种化学成分，如苯酞类化合物、萜烯、有机酸和脂质等，其中邻苯二甲酸类化合物是挥发油的主要成分。

三、食材功能

性味 味辛，性温。

归经 归肝、胆、心包经。

功能

（1）川芎是一种顺血气的中药，上至额头眼睛，下至四肢百骸，具有驱散风寒、治疗头痛、消除淤血、调节经脉的作用。此外，还可用于治疗湿寒麻痹、经脉痉挛、涕泗横流、无毛痤疮、血痢滞痛、心绞痛等症。

（2）川芎能扩张冠状动脉，增加冠状动脉流量，改善心肌血氧供应，减少心肌耗氧量。川芎对体外血小板聚集有明显的抑制作用，能使积累迅速的血小板解聚，具有预防血栓形成的效果。

四、烹饪与加工

川芎白芷鱼头汤

（1）材料：川芎10克，白芷10克，鱼头350克，米酒、生姜、盐适量。

（2）做法：川芎、白芷泡洗干净，锅里下油放姜片，把鱼头两面煎到变色；加入热水没过鱼头，放入川芎、白芷；再加入半碗米酒，煮15分钟；最后加盐调味即可。

（3）功效：此汤可行气活血、祛风止痛，预防妇女月经、骨痛不适。

川芎鸭

（1）材料：鸭半只，老姜40克，川芎12克，料酒、盐适量。

（2）做法：鸭肉洗净，剁块备用；锅内烧热油，爆香老姜，接着放入鸭块炒得略焦，加水、川芎和调味料，盖上锅盖，以慢火炖1小时即可。

（3）功效：对缓解女性血虚头晕有效。

川芎药用配方

（1）配方：川芎1斤，天麻4两。上为末，炼蜜为丸，每两作10丸。

每服1丸，细嚼，茶酒下。(《宣明论方》川芎丸）

（2）功效：治疗首风，眩晕、眩急、外合阳气、风寒相搏、胃膈痰饮、偏正头疼、身拘倦等。

五、食用注意

（1）阴虚火旺、舌红津少口干者不宜食用，月经过多者亦不宜食用。

（2）高血压性头痛、脑肿瘤头痛、肝火头痛等患者不宜食用。

传说故事

孙思邈与川芎

相传，药王孙思邈偕徒弟从终南山云游到了四川的青城山，一路采集药材。这天，师徒二人走累了，便到青松林内歇脚。这时忽见林中山涧边的一只大雌鹤正带着几只小鹤涉水嬉戏。药王正看得出神，突然听到几只小鹤不断惊叫。药王师徒一瞧，原来那只大雌鹤头部低垂，两脚颤抖，不断哀鸣。小鹤们看见“妈妈”的样子，也吓得凄厉怪叫。药王心里明白，这只雌鹤患了急病。

第二天清晨，天刚亮，药王师徒再次来到青松林。距离鹤巢不远的地方，巢内病鹤的呻吟声清晰可辨。没过多久，天空中传来一阵阵鹤鸣。只见几只白鹤落下，从它们的嘴里掉下几片叶子落入病鹤巢中。徒弟捡起偶然落在地上的叶子，发现形状很像胡萝卜的叶子，不知何用，便丢在地上。但药王却若有所得，让徒弟把叶子捡起来保存好。

次日，药王师徒再次来到青松林，已听不到病鹤的呻吟声了。抬头仰望，只见几只白鹤在空中盘旋，嘴里又掉下几朵小白花。徒弟依然不觉有用，药王却又让徒弟捡起来保存好。此时药王发现病鹤的身子已完全康复，又带领小鹤们嬉戏如常了。

他还观察到白鹤爱去混元顶峭壁的古洞。那儿长着一片绿茵茵的野草，花、叶和根茎都与往日从白鹤嘴里掉下来的一样。他不禁联想到，雌鹤的病愈可能与这种药草有关。

后来他对这种药草进行品尝后发现，其根茎苦中带辛，具有特异的浓郁香气。根据他多年的经验断定，此药草有活血通经、祛风止痛的作用。于是他携此草下山，用它给病人治病，果然灵验。

药王兴奋地说道："青城山天幽，川西第一神仙洞府。药草通过仙鹤递，来自天穹。真是川西第一山，苍穹降良药。那这药就叫'川芎'吧！"

人参花

性温生处喜偏寒，一穗垂如天竺丹。
五叶三桠云吉拥，玉茎朱实甘露抟。
地灵物产资阴骘，功著医经注大端。
善补补人常受误，名言子产悟宽难。

——《咏人参》（清）爱新觉罗·弘历

一、物种本源

拉丁文名称，种属名

人参花，是伞形目、五加科、人参属植物人参（*Panax ginseng* C. A. Mey.）干燥的含苞待放的蓓蕾，又名神草花。

形态特征

人参为多年生草本植物，高30~70厘米，根肥大、肉质，呈圆柱或纺锤形，末端多分支，外皮淡黄色。人参花花梗长15~25厘米，每个花序有10~80朵花，集成圆球形。花小，直径有2~3毫米，果实呈扁球形。

习性，生长环境

人参的生长地一般海拔较高，通常在阔叶林或阔叶针叶混交林中。在我国，黑龙江、辽宁以及吉林等地均有种植，此外山西、河北等地也有引种。

人参花植物

二、营养及成分

人参花中含有丰富的功能性成分，如人参花多糖、皂苷、生物活性挥发油，以及人体必需脂肪酸，如亚油酸、亚麻酸等。

三、食材功能

性味 味甘、微苦，性温。

归经 归肺、脾、肾经。

功能

（1）人参花能帮助消除体内自由基对于机体的损伤，延缓细胞老化，维持人体正常新陈代谢，同时可增强机体免疫力。

（2）抗溃疡。利用利血平、阿司匹林构建的实验性胃溃疡动物模型来验证人参花中的花蕾皂苷的抗溃疡作用，通过肌肉注射的方式将一定量的人参花皂苷作用于以上构建的动物模型中，发现人参花皂苷能够明显地抑制溃疡的形成。

（3）延缓衰老。人参花中的寡糖与皂苷能够起到延缓衰老的作用，用人参花糖液饲喂蜜蜂，其死亡率较普通蜜蜂低，同时其工作效率较普通蜜蜂高，表现为采蜜量增高。

四、烹饪与加工

人参花雪梨瘦肉汤

（1）材料：人参花2朵，雪梨2个，银耳少量，瘦肉300克，桂圆肉5粒，鲜鸡腿1只，盐适量。

（2）做法：将人参花洗干净，银耳用水泡开，切成小块状；桂圆肉洗净，备用；雪梨洗净去掉梨心，切成块状；瘦肉洗净，切成大块状，鸡腿洗净备用；将所有东西放在瓦煲里，加入清水，用大火烧30分钟，再转为小火煲1小时后，加入少许盐即可。

（3）功效：平肝清火，润燥化痰。

人参花茶

人参花茶

（1）材料：人参花5克，枸杞、冰糖适量。

（2）做法：将人参花及枸杞、冰糖置入杯中，用热开水冲泡4分钟，过滤后即可饮用。

（3）功效：有益气养肺、清热生津之功用，去倦怠，治心烦气躁，清热退虚火。

人参花药用配方

（1）配方：3~6克人参花，煎服。（《中药志》）

（2）功效：补气强身，延缓衰老。主治头昏乏力、胸闷气短。

五、食用注意

（1）失眠患者忌食。

（2）胃病患者忌食。

传说故事

人参的由来

深秋的一天，有两兄弟进山去打猎。进山后，兄弟俩打了不少野物，正当他们继续追捕猎物时，天开始下雪，很快就大雪封山了。没办法，两人只好躲进一个山洞，他们除了在山洞里吃野物，还到洞旁边挖些野生植物来充饥。

他们发现一种外形很像人形的东西，味道很甜，便挖了许多当水果吃。不久，他们发觉，这种东西虽然吃了浑身长劲儿，但是多吃会流鼻血。因此，他们每天只吃一点点，不敢多吃。

转眼间冬去春来，冰雪消融，兄弟俩扛着许多猎物，高高兴兴地回家了。

村里人见他们还活着，而且长得又白又胖又很有精神，感到很奇怪，就问他们在山里吃了些什么。他们简单地介绍了自己的经历，并把带回来的几个植物根块给大家看。村民们一看，这东西很像人，却不知道它叫什么名字，有个长者笑着说："它长得像人，你们俩兄弟又亏它相助才得以生还，就叫它'人生'吧！"后来，人们又把"人生"改叫"人参"了。

枳壳

芍药芩连与锦纹，
桂甘槟木及归身，
别名导气除甘桂，
枳壳加之效若神。

——《芍药汤》
（金）刘完素

一、物种本源

拉丁文名称，种属名

枳壳，是芸香目、芸香科、柑橘属植物酸橙（*Citrus aurantium* L.）及其栽培变种或甜橙的干燥未成熟果实，又名川枳壳、江枳壳、炒枳壳等。

形态特征

枳壳呈半圆形，直径在3～5厘米。外果皮通常呈棕褐色或褐色，表面有颗粒状突起。果皮切面呈黄白色，光滑，厚0.4～1.3厘米。内有瓤囊7～15瓣，汁囊干缩呈棕色或棕褐色，内藏种子。质地坚硬、不易折断。气味清香，味苦、微酸。

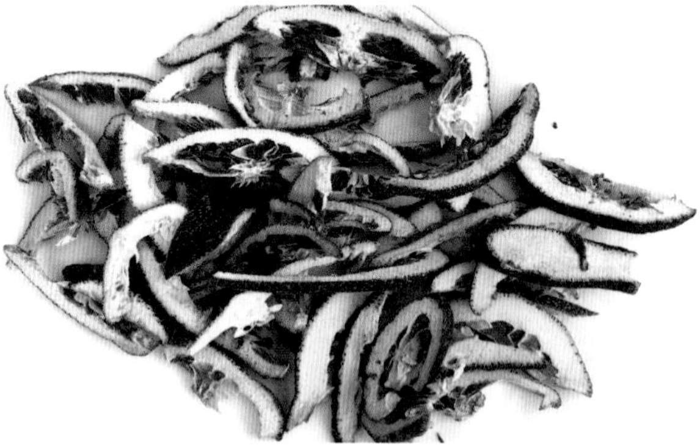

枳　壳

习性，生长环境

酸橙喜欢温暖潮湿的气候，具有强烈的阴影耐受性。适宜的生长温度在20～25℃，适宜生长在日光充沛、土层较深、土壤肥沃、腐殖质丰富、排水良好的弱酸性冲积土或酸性黄壤和红壤中。在我国，枳壳主要产于浙江、江西、湖北、湖南、四川等地。

二、营养及成分

枳壳的主要化学成分为黄酮类、挥发油类、生物碱类和苯丙素类。枳壳中的黄酮类化合物主要为黄酮、黄酮醇、异黄酮、二氢黄酮、二氢黄酮醇、查耳酮、花色素类等。柠檬烯作为枳壳主要的挥发油，是其发挥理气效果的重要活性成分。枳壳中生物碱成分主要为辛弗林、酪胺、*N*-甲基酪胺和大麦芽碱。此外，枳壳中还含有三萜类成分和甾体类化合物以及一些微量元素。

枳　壳

三、食材功能

性味 味苦、辛、酸，性微寒。

归经 归脾、胃经。

功能

（1）枳壳可治积食不消、痰饮内停、胃下垂、胃扩张、子宫脱垂、脱肛、疝气等症，如与补中益气的药同用，可取得较好的疗效。

（2）具有调节胃肠功能的作用。有研究表明枳壳水煎液能抑制离体兔十二指肠的自发活动，降低其收缩性和张力，对增强乙酰胆碱引起的回肠收缩具有明显的拮抗作用。此外，枳壳水煎液可增强绵羊小肠的收缩和小肠的排空能力。

（3）具有调节心血管系统的作用。有研究表明低浓度的枳壳汤能够增加离体蟾蜍心脏的收缩功能，高浓度的枳壳汤可减弱离体蟾蜍心脏的收缩功能。将枳壳水煎液和乙醇提取物静脉注射到兔子、猫和狗体内，能够引起血压显著升高和肾脏体积减小。

四、烹饪与加工

黄芪枳壳鲫鱼汤

（1）材料：鲫鱼300克，黄芪30克，枳壳15克，调味品适量。

（2）做法：鲫鱼、黄芪、枳壳分别用清水洗净，同放入砂煲内，加清水适量，大火煮沸后，改用文火煲至鱼肉熟烂，调味即可。

（3）功效：此汤可健脾补中，升阳益气。

黄芪枳壳鲫鱼汤

枳壳茶

（1）材料：枳壳10克，花茶3克。

（2）做法：将枳壳与花茶放入杯中，用300毫升开水冲泡后饮用。

（3）功效：破气消积，祛痰。

枳壳药用配方

（1）配方：枳壳（去瓤，炮）2两、橘皮（去瓤）2两、木香3钱半，将药材研碎使之成为细细的粉末，加炼蜜制作成如梧桐子大小的药丸，每次服用50丸，在饭后用姜汤、萝卜汤送下。（《普济方》降气丸）

（2）功效：治疗妇人心腹胀闷，不下饮食等症状。

五、食用注意

脾胃虚弱者及孕妇和幼儿慎服。

枳壳的传说

相传，在赣江与袁河交叉的横河口，有一座古寺——保安寺。

保安寺里住着两个和尚，大和尚叫枳壳，小和尚叫枳实。他俩在寺门口栽种了两棵四季常青的橙树，从此风调雨顺，百姓安居乐业。这两棵橙树也被当地人视为镇邪保平安的象征。橙熟季节，到处是卖橙买橙的，生意十分兴隆，保安寺成了各地通商的必经之地。

一天，李知府夫人刘氏来寺朝拜。水性杨花的刘夫人被大和尚枳壳的俊貌所动，卖弄风骚，勾引枳壳。老实巴交的枳壳慈善为本，不为所动。刘夫人不肯罢休，诬告枳壳调戏了她。李知府火冒三丈，将枳壳、枳实两人捆绑在橙树上。又放了一把火，橙树烤焦了，枳壳和枳实也被活活炕死。

枳壳和枳实一死，刘夫人便染上重病，胸腹胀满，腹痛泻痢，卧床不起，不久便一命呜呼。夫人一死，李知府也染上相同病症。

话说此时，有个似疯如癫的“疯和尚”来到了保安寺，面对烧焦了的橙树，实是难过。只见他双手合一，念起咒语，话音一落，两颗橙树随即返青。很快，满树都是花，花丛之中长出回春橙。

“疯和尚”见了重病在床的李知府。李知府后悔莫及，痛哭流涕，连连哀求长老救他一命。“要我救你，倒也不难，要看你悔改的诚意。”说罢，“疯和尚”便拂袖而去。

李知府拖着病体，强忍病痛，跪在保安寺门口，喊道：“枳壳、枳实，我对不起你们，我来重修保安寺，二位大师在天之灵，原谅我吧。”随即趴在橙树下失声痛哭。这时，两个橙果掉了下来，不偏不倚打在李知府的头顶上。他双手捧着橙果，深深地吸了几下橙果的香气，一股清香沁人心脾，顿时觉得身子轻松大半，再吸几下，人便可以站立起来了。

李知府欣喜若狂，第二天，保安寺便兴工动土。竣工之日，李知府的病也痊愈了。此后，李知府就成了保安寺的“广济和尚”。

桑白皮

古人争名翰墨薮，柿叶桑根俱不朽。
固知老褚下欧阳，控御管城须好手。
嫁非好时聊自强，幅则甚短惭甚长。
闻道蔡侯闲石臼，为借余力生银光。

——《以纸托乐秀才捣治》

（北宋）陈与义

一、物种本源

拉丁文名称，种属名

桑白皮，是荨麻目、桑科、桑属植物桑（*Morus alba* L.）去除栓皮之后的干燥根皮，又名桑根皮、桑根白皮、桑皮、白桑皮等。

形态特征

桑树的树皮呈灰白色，有条状浅裂，根皮呈黄棕色或红黄色，纤维性强。桑属落叶灌木或乔木，单叶互生，叶柄长1～2.5厘米；叶片卵形或宽卵形，长5～20厘米，宽4～10厘米，先端锐尖或渐尖，基部圆形或近心形，边缘有粗锯齿或圆齿，有时有不规则的分裂，上面无毛，有光泽，下面脉上有短毛，腋间有毛；桑果初长成时为绿色，成熟后变为暗红或紫黑色，呈肉质。

桑白皮

习性，生长环境

桑树喜温暖湿润的气候，稍耐荫。气温12℃以上开始萌芽，超过40℃则受到抑制，温度降到12℃以下则停止生长。耐旱，不耐涝，耐瘠薄，对土壤的适应性强。在我国，桑白皮主产于河南、安徽、四川、湖南、河北、广东等地，以河南、安徽产量大，并以亳桑皮质量佳。

二、营养及成分

从桑白皮中分离得到百余种化合物，主要为苯并呋喃类、芪类、黄酮类、苯丙素类、三萜类、生物碱类等化合物。桑白皮含有多种黄酮类衍生物，包括桦皮酸、桑素、桑色烯、环桑素等，还含香豆素化合物、东莨菪素、伞形花内酯等成分。

三、食材功能

性味 味甘，性寒。

归经 归肺经。

功能

（1）泻肺平喘，利水消肿。用于肺热喘咳，水肿胀满尿少，面目肌肤水肿。

（2）导泻作用。灌胃或腹腔内注射桑白皮水提物或正丁醇提取物对大鼠有利尿作用。用一定剂量的桑白皮水提取物对小鼠灌胃给药，能使小鼠排出液体粪便，说明桑白皮水提取物具有通便作用。

（3）抗惊厥作用。给小鼠腹腔注射桑白皮水或正丁醇提取物达到一定剂量，可产生镇静和安定作用。桑白皮正丁醇或水提取物均能对抗电刺激所致的惊厥。

四、烹饪与加工

桑白皮茯苓猪骨汤

（1）材料：桑白皮10克，茯苓20克，猪骨300克，蜜枣2个。

（2）做法：将桑白皮、茯苓洗净后浸泡20分钟，蜜枣去核；猪骨洗净，焯出泡沫捞起；砂煲里放6碗水煮沸后，将以上所有材料全部放进砂煲，大火煲沸后转小火煲2个小时即可。

（3）功效：健脾、利湿、化痰。

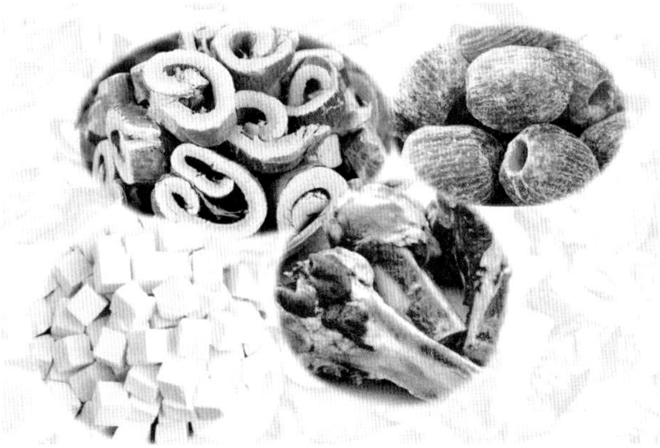

桑白皮茯苓猪骨汤

百合桑白皮粥

（1）材料：百合3克，桑白皮3克，冰糖4克，粳米50克。

（2）做法：先将百合、桑白皮入锅，加200克水煎至100克，倒出汤汁，再加200克水，煮10分钟左右，弃去药渣，两次汤汁合并与淘洗干净的粳米和冰糖入锅，煮成粥。

（3）功效：清肺润燥，消肿止咳。

桑白皮药用配方

（1）配方：桑白皮4钱，冬瓜仁5钱，草苗子3钱。煎汤服。（《上海常用中草药》）

（2）功效：治疗小便不利、面目水肿。

五、食用注意

肺气虚寒及风寒咳嗽者，忌服。

传说故事

一药之师

一般不为人们所重视的桑根白皮，也有其独特的疗效。某中医学院的学生曾于1962年在北京同仁医院毕业实习时，治疗过一位鼻出血的患者，多次使用凉血止血药，可鼻血就是不止，于是请教陆石如老师。

陆师审证察方，叹道："方虽对症，然尚差一间尔！"言罢提笔，在原方中添桑白皮15克。病人服用两剂即告血止。由此观之，陆石如真可以说是"一药之师"了。然而，陆师之师又是谁呢？就是北京已故四大名医之一的孔伯华老先生，这当中还有一段有价值的回忆。

陆石如曾治疗过一位鼻衄患者，百日未愈，各种方法都试遍了，无效。于是请孔老诊视，经用独味桑白皮而衄止。后来陆石如在临床中，凡是遇到因肺热气逆而鼻衄的患者，常单用桑白皮20克，以泻肺止衄，颇获良效。因为肺开窍于鼻，肺热则气逆，气逆则血随之而上，流出鼻窍而为鼻衄。桑白皮的功效在于擅长泻肺。肺气降，则血亦随之而降，衄乃自止。

桑枝

分符远在剑溪旁，荐疏尝闻奏建章。
令尹每称民朴鲁，闾阎惟说吏循良。
桑枝带雨村村绿，麦穗连云处处黄。
归向石头城下过，还将治绩报高堂。

——《送将乐李大尹熙考满还任》
（明）吴俨

一、物种本源

拉丁文名称，种属名

桑枝，是荨麻目、桑科、桑属植物桑（*Morus alba* L.）的干燥嫩枝。常在春末夏初采收，弄掉叶子后晒干或者趁鲜切片之后晒干而成，又名桑条、嫩桑枝等。

形态特征

桑枝通常呈长圆柱形，长短参差不齐，通常直径为0.5～1.5厘米。表面颜色呈灰黄色或黄褐色。桑枝的质地比较坚实，有韧性，而且不易被折断。桑枝切片的厚度在0.2～0.5厘米，皮部比较薄，木部颜色呈现出黄白色，且表现为射线放射状，髓部颜色呈白色或黄白色。桑枝饮片的外观是椭圆形的斜薄片，片面为黄白色，气微，味淡。

习性，生长环境

桑树喜光，对气候、土壤适应性都很强。我国桑枝的资源非常丰富，全国各地均产，但主要产于河南商丘、湖南会同、安徽阜阳、浙江

桑　枝

临安等地。采收季节在春末夏初。

二、营养及成分

桑枝中的化学成分种类很多，主要包括黄酮类化合物（如桑橙素、桑色素、桑色烯、桑素、环桑色烯、二氢桑色素等）、多糖类化合物、生物碱以及香豆素类化合物，此外还包括氨基酸、挥发油、有机酸和维生素等。在桑枝的茎、茎皮和心材中还含有鞣质。

三、食材功能

性味 味微苦，性平。

归经 归肝经。

功能

（1）桑枝祛风除湿而善达四肢经络，通利关节、痹证新久、寒热均可应用，尤宜于风湿热痹、肩臂关节酸痛麻木者。

（2）降血糖作用。用桑枝的乙醇提取物对糖尿病小鼠进行降血糖实验，结果表明桑枝具有明显的降血糖作用，并推测桑枝总黄酮是桑枝降血糖作用的有效成分。

四、烹饪与加工

桑枝老鸭汤

（1）材料：桑枝60克，老鸭1只，食盐、植物油、味精适量。

（2）做法：将鸭宰后洗净，桑枝洗净；锅内烧水，待水开时，下入老鸭焯约3分钟；鸭入砂锅与桑枝加适量清水熬汤，用食盐、植物油、味精调好味即可。

（3）功效：清热祛风，利湿除痹，补血养胃，通络。

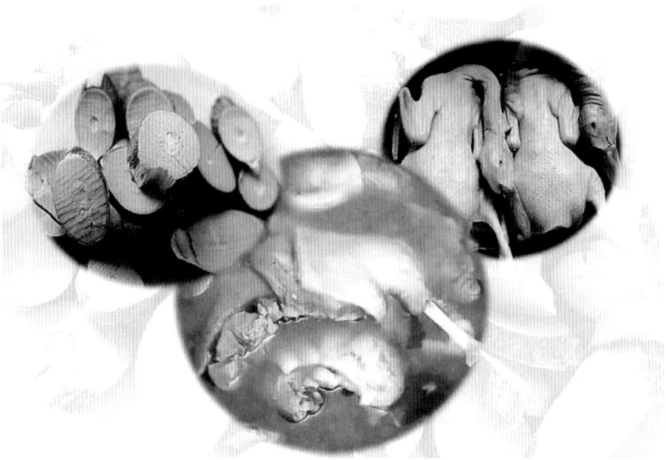

桑枝老鸭汤

桑枝酒

（1）材料：桑枝、黑大豆（炒香）、五加皮、木瓜、十大功劳、金银花、黄柏、蚕沙、松仁各10克，白酒1升。

（2）做法：将前9味捣碎，入布袋，置容器中，加入白酒，密封浸泡15天后，过滤去渣，即成。

（3）功效：祛风除湿，清热通络。适用于湿热痹痛、口渴心烦、筋脉拘急等症。

桑枝药用配方

（1）配方：取桑条2两。炒香，加水1升，煎2合，每日空腹服用。（《圣济总录》）

（2）功效：治疗水气脚气。

五、食用注意

肺寒久嗽者，不宜服。

桑枝治肩膀疼痛

一对夫妻以种桑养蚕为生，家中只有一个体弱多病的儿子。夫妻俩为人老实，心地善良，虽然日子过得并不宽裕，但是经常照顾周围的孤寡老人。

夫妻俩种桑养蚕已有几十年，在自家门前种了大片的桑树林。由于长年劳累，两人都患上了肩膀疼痛的毛病（类似于肩周炎）。由于日子过得很紧，除了要给儿子看病，还要照顾孤寡老人，夫妻俩都忍痛不去找大夫看。久而久之，肩膀疼得越来越厉害，连洗脸梳头都很困难。即便这样，夫妻俩仍坚持每天照顾几位老人。

一日吃饭时，门口来了个蓬头垢面、衣衫褴褛、骨瘦如柴的乞丐。夫妻俩看乞丐可怜，便将本来就不够吃的饭菜给了乞丐。看着他狼吞虎咽的样子，夫妻俩心里很不是滋味。

夫妻俩留下了乞丐，烧水给他洗澡，又给他换了身新衣服。洗漱完后，乞丐看上去仪表堂堂，但由于长期营养不良，身体瘦弱不堪。夫妻俩便每天把自己的口粮省下来，换些鱼肉给乞丐补身体。经过半个月的精心照顾，乞丐的身体逐渐恢复了。

这天，乞丐感谢夫妻俩的精心照顾，不忍再打扰二位，谢过夫妻俩之后，便要离去。

夫妻二人再三挽留，乞丐说什么也不愿意留下来打扰他们了。于是夫妻俩便把家里剩的最后那点钱财全部拿了出来给他做盘缠。

乞丐接过这些钱后，瞬间变成了一个手中拿着一根铁拐并且还跛了一只右脚的汉子。

夫妻俩惊愕不已。汉子说道：“我乃八仙中的铁拐李，没想到你们夫妻俩心地如此善良，宁愿自己受饿，也要去照顾那些孤寡老人和我这样素不相识的人，实在让我感动。”他又从身边的桑树上折下一枝，说：“二位长期劳累，肩膀疼痛许久，你们可以用这个桑枝煎水喝，定能痊愈。”随即又从葫芦中拿出一颗药丸交给夫妻俩，说：“贵公子患病多年，服食这颗药丸即可痊愈。”然后从地上捡起些石头，用布包裹好，交给夫妻俩，让他们等他走后再打开。

夫妻俩还没有反应过来，铁拐李便腾云驾雾而去。两人打开包裹，里面全是白花花的银子。夫妻俩按照铁拐李的吩咐用桑枝煎水喝，并将药丸喂给儿子服用，没过几日肩膀不痛了，儿子的病也好了。

荜茇

荜拨波斯产有余，从生喜向竹林居。
胃酸堪把寒涎散，腹冷能将暖气嘘。
炒共蒲黄经自准，煎同牛乳痢应除。
青州虽有防风子，性冷终须愧不如。

——《本草诗》（清）赵瑾叔

一、物种本源

拉丁文名称，种属名

荜茇，是胡椒目、胡椒属、胡椒科植物荜茇（*Piper longum* L.）经过干燥的接近成熟或成熟的果穗，又名荜拨、毕勃、荜菝等。

形态特征

荜茇呈圆柱形，稍弯曲，由多数小浆果集合而成，长1.5~3.5厘米，直径0.3~0.5厘米。表面黑褐色或棕色，有斜向排列整齐的小突起，基部有果穗梗残存或脱落。质硬而脆，易折断，断面不整齐，呈颗粒状。小浆果球形，直径约0.1厘米。有特异香气，味辛辣。

习性，生长环境

荜茇喜高温潮湿的气候，生长在海拔600米的疏林中，湿润、疏松、肥沃的土壤最适宜其生长。在我国，荜茇主要产于云南、广东、福建、广西等地。

荜　茇

二、营养及成分

荜茇的主要成分是生物碱和酰胺类化合物，此外，还包括挥发油类、木脂素类、萜类、甾醇类及其他类化合物。其中酰胺类化合物为荜茇中的主要特征成分。

三、食材功能

性味 味辛，性大温。

归经 归胃、大肠经。

功能

（1）用于脘腹冷痛、呕吐、泄泻、寒凝气滞、胸痹心痛、头痛、牙痛。

（2）降脂作用。荜茇中的化学成分荜茇宁可以显著降低高脂血症大鼠血清总胆固醇、三酰甘油和低密度脂蛋白胆固醇，升高高密度脂蛋白胆固醇，能有效预防高脂血症大鼠血脂的升高。

（3）肝保护作用。荜茇乙醇提取物可改善肝的谷氨酰胺转氨酶活性，对肝纤维化有保护作用。荜茇的牛奶提取物对于因四氯化碳诱导产生的大鼠肝毒性具有保护作用，其保肝效果与西利马林相当。

四、烹饪与加工

荜茇粥

（1）材料：荜茇3克，胡椒2克，粳米60克。

（2）做法：将荜茇、胡椒研成细末；将粳米洗净下锅煮成粥，加入两味药末，稍煮片刻即可。适量食之。

（3）功效：温胃散寒、止痛。

荜茇粥

荜茇羊肉汤

（1）材料：羊肉500克，荜茇10克，调味品适量。

（2）做法：将羊肉洗净、切块，放入锅中，加荜茇、清水，大火煮沸后，改文火慢煮，后加调味品即可。

（3）功效：温阳散寒。

荜茇药用配方

（1）配方：取荜茇4斤，高良姜、干姜（炮）各6斤，去粗皮后的肉桂4斤。上为细末，水煮面糊为丸，如梧桐子大。每服20粒，米汤饮下，食前服之。（《局方》大已寒丸）

（2）功效：治疗伤寒积冷、脏腑虚弱、自利自汗、米谷不化等症。

五、食用注意

（1）具有实热郁火及阴虚火旺等症状者忌服。

（2）不能多食，以免动脾肺之火，或令人目昏、肠虚下重。

传说故事

张宝藏献方升官

唐代贞观年间，张宝藏担任御书房行走（从七品）。张宝藏曾经在省亲回栎阳的路上，看到有个少年正在田野里吃刚打来的猎物，大快朵颐，张宝藏便靠在树上叹息着说："我张宝藏都已经七十岁了，还没有这样吃过酒肉，真是可悲啊！"

这时，路旁有个僧人说道："六十天之内，你就能升到三品的官位，有什么好叹息的？"说完人就不见了。张宝藏觉得十分奇怪，即刻回到京城。

唐太宗李世民有气痢的毛病，经过很多御医反复诊治，都不见效。唐太宗只得下诏问百官，如果有人能够治愈，他就给予重赏。张宝藏擅长医学，以前也曾经患过这种疾病，就立刻详细地写下了"牛乳煎荜茇方"（牛乳半斤，荜茇三钱，同煎，空腹顿服）进献给皇上。唐太宗服用后很快就好了。唐太宗大喜，便吩咐宰相魏徵提拔张宝藏为五品官衔。

过了一个多月，唐太宗的气痢又复发了，跟侍从说："之前我喝了牛乳煎荜茇方，效果不错。"太宗忽然想起那个献方的张宝藏来，命张宝藏再进献一次。唐太宗恢复之后又想起之前曾授他为五品官，却没见到他拜受官职，于是向魏徵问起了此事。谁知，魏徵因事务繁忙，早已把这件事情忘之脑后了，见太宗问起只好推脱："当时您只说了升为五品官，却没有说是要给他文官还是武官。"

唐太宗知道魏徵这话是个借口，生气地说："宰相你真应该被治罪！不就封他个五品官衔吗？我是堂堂天子，难道还不如你吗？"唐太宗严厉地说道："授予他三品文官，让他去管理朝祭礼仪，担任鸿胪卿的长官吧！”

这次，魏徵不敢怠慢，很快就给张宝藏办理了升官的手续。张宝藏也即日走马上任，官拜鸿胪寺卿（正三品），那天正好就是遇见僧人的第六十天。

金荞麦

霜草苍苍虫切切，村南村北行人绝。
独出前门望野田，月明荞麦花如雪。

——《村夜》（唐）白居易

一、物种本源

拉丁文名称，种属名

金荞麦，是蓼目、蓼科、荞麦属植物金荞麦［*Fagopyrum dibotrys*（D. Don）Hara］经过干燥后的根茎，又名荞麦三七、苦荞头、金锁开银等。

形态特征

金荞麦是多年生草本植物。根状茎木质化，黑褐色。茎直立，高50～100厘米，分枝，具纵棱，无毛。有时一侧沿棱被柔毛。叶三角形，长4～12厘米，宽3～11厘米，顶端渐尖，基部近戟形，边缘全缘，两面具乳头状突起；叶柄长可达10厘米；托叶鞘筒状、膜质、褐色，长5～10毫米，偏斜，顶端截形，无缘毛。

金荞麦植物

习性，生长环境

金荞麦是一种喜温植物，可以在15～30℃温度条件下生长良好。金荞麦的适应性很强，对于土壤肥力、温度、湿度的要求不高，且耐旱耐寒性也很强。适宜栽培在排水良好的高海拔、肥沃疏松的沙壤土中，但是不宜在黏土及排水性差的地块栽培。在我国，金荞麦主要产于江苏、浙江、湖南、湖北、广东、广西、贵州等地。秋、冬季进行采收，花期为7—9月份，果期为8—10月份。

二、营养及成分

金荞麦主要的化学成分包括黄酮类、甾体、有机酸类等，而黄酮类成分则是其最主要的药理活性成分。金荞麦根茎中还含有槲皮素、矢车菊素、芦丁、大黄素、木樨草素、儿茶素等物质。

三、食材功能

性味 味微辛、涩，性凉。

归经 归肺经。

功能

（1）金荞麦具有清热解毒、活血消痈、祛风除湿的功效。适用于肺痈、肺热咳喘、咽喉肿痛、痢疾、风湿痹证、跌打损伤、痈肿疮毒、蛇虫咬伤等症。

（2）抗氧化作用。黄酮类化合物作为一类多酚类的物质，具强抗氧化能力，在预防和治疗抗氧化应激方面可以起到重要作用。有研究发现金荞麦类黄酮提取物可以对超氧阴离子和羟基自由基起到清除的作用，且随着提取物浓度的增大，其抗氧化作用亦会增强。

金荞麦炖瘦肉

（1）材料：瘦猪肉250克，金荞麦60克，甜桔梗90克，生姜、红枣、调味品适量。

（2）做法：把瘦猪肉、金荞麦、甜桔梗、生姜、红枣分别洗净；把全部材料一起放入炖盅内，加开水适量，炖盅加盖，文火隔开水炖2小时，加适量调味品即可。

（3）功效：清热去咳。

金荞麦茶

（1）材料：金荞麦5克，绿茶、冰糖适量。

（2）做法：将金荞麦、绿茶和冰糖置入杯中，用热开水冲泡5分钟，即可。

（3）功效：提神醒脑。

金荞麦茶

金荞麦药用配方

（1）配方：金荞麦30克，兰香草15克。水煎服。（《湖南药物志》）

（2）功效：治腰痛。

五、食用注意

（1）非实热、火毒症不宜用。

（2）孕妇、儿童忌用。

传说故事

李时珍与金荞麦煮鲤鱼

一天，李时珍在雨湖对岸的乡间行医，要经过一条小河。可是，河床的木板桥被山洪冲垮了。正当李时珍担心过不了河时，有个五大三粗的年轻人走了过来，说："这不是李大夫吗？来来来，我背你过河。"

过河后，李时珍对年轻人说："太感谢你了。不过，在你背我过河的时候，我给你切了一下手脉，发现你筋骨有疾。现在给你一张药方，只要照方抓药，连服三剂，保你无事。"这年轻人听了，嘴上说："有劳李郎中，后生一定遵嘱照办。"心中却暗想："我的身子健得像头犟水牯，筋骨痛有什么值得大惊小怪的？"等李时珍一走，他就把药方丢了。

半个月后，李时珍行医又来到这里，见河边附近的村里有人在哭泣，就上前去打听。原来，有家穷人的当家的病倒在床。全家老的老，小的小，生活没着落，成天总是哭。李时珍进屋去一看，不禁大吃一惊：床上病倒的正是背他过河的那个年轻人啊！

经过询问，才知道这年轻人根本没照他之前说的办。小病不诊，才酿成大病。望、闻、问、切之后，他对年轻人说："你这是筋骨病。水边的人，常年风里来、雨里去，干一脚、湿一脚，十有八九都会不同程度地患有这种病，严重了就会瘫痪。幸好你的病还可以诊治。"

一听说还可以治，左邻右舍的人就议论纷纷。有的说："李大夫，您就费心尽力给他诊吧！"有的说："有用得着我们帮忙的地方您尽量说。穷不帮穷，谁帮穷呢？"李时珍见大家都热心帮忙，心里暖烘烘的，说："这雨湖鲫鱼就是一味好药。它背脊草青，鳃边金黄，尾鳍比一般鲫鱼还要多两根刺，有温中补虚的功效。用它煮金荞麦，然后吃鱼喝汤，保证不出三天，病人就能起床。”

雨湖鲫鱼好办，大家用鱼竿钓几尾就是了，可当时谁也不认识什么是金荞麦呀！李时珍又带人上山，挖回金荞麦，并教他们辨认。这法子果真灵验，那个年轻人的病很快就好了。“金荞麦煮鲫鱼，能治筋骨痛”，这个药方就这样代代相传下来了。

巴戟天

巴戟连珠出蜀中，不凋三蔓草偏丰。
煮和黑豆颜堪借，恶共丹参惜不同。
治气疝癫俱伏小，固精阳事独称雄。
劳伤虚损宜加用，上下还驱一切风。

——《本草诗》（清）赵瑾叔

一、物种本源

拉丁文名称，种属名

巴戟天，是龙胆目、茜草科、巴戟天属植物巴戟天（*Morinda officinalis* How）经过干燥的根，又名巴戟、巴吉天等，与益智仁、槟榔、砂仁并称为我国“四大南药”。

形态特征

巴戟天为藤状灌木，其干燥的根表面呈灰黄色或灰黄棕色，粗糙，具有纵纹和横裂纹。部分巴戟天的根呈扁圆柱形，略弯曲，已除去木心；有些呈圆柱形，未除去木心，长度不等，直径0.5~2厘米。质地坚韧，折断面不平整，易与木部剥离，皮部厚5~7毫米。

巴戟天植物

习性，生长环境

巴戟天通常生于山地、密林和灌丛中，常攀于灌木或树干上。巴戟天在气温20～25℃，相对湿度25%～30%的环境条件下生长较好，最适宜的土壤条件为pH 5.6～7的深厚、富肥性的灰化红壤。在我国，巴戟天主产于江西、福建、广西、广东等地。一年之中的任何时间都可以采挖，花期为5—7月份，果熟期为10—11月份。

二、营养及成分

巴戟天的主要成分有糖类、蒽醌类、环烯醚萜类、黄酮类、氨基酸及微量元素等。其含有大量糖类物质，如单糖、多糖以及低聚糖（寡糖）等；巴戟天中主要存在的三类环烯醚萜类化合物是4-去甲环烯醚萜、环烯醚萜苷和裂环环烯醚萜；巴戟天中还含有茜草素型蒽醌和大黄素型蒽醌；巴戟天中含有18种氨基酸，其中包括6种人体必需氨基酸；巴戟天中微量元素总共24种，其中人体必需微量元素包括铁、锌、锡等。

三、食材功能

性味 味辛、甘，性微温。

归经 归肾经。

功能

（1）巴戟天可以补肾阳、强筋骨、祛风湿。用于阳痿遗精、宫冷不孕、月经不调、少腹冷痛、风湿痹痛、筋骨痿软。

（2）调节免疫作用。巴戟天中含有寡糖、多糖、黄酮等物质，具有免疫调节作用。有研究发现巴戟天寡糖能显著促进小鼠脾细胞增殖，促进抗体形成，使得小鼠的免疫调节能力增强。此外，巴戟天水提物还可以让小鼠巨噬细胞的吞噬作用增强，使得细胞免疫的作用增强。

（3）抗骨质疏松作用。巴戟天醇提物与水提物都可以明显地促进骨髓基质细胞分化形成成骨细胞，其中醇提物作用效果更为明显。巴戟天多糖能有效发挥抗骨质疏松作用。巴戟天对于骨髓基质细胞的增殖有着明显的促进作用。

巴戟天

四、烹饪与加工

巴戟天肉苁蓉鸡

（1）材料：巴戟天、肉苁蓉各15克，仔鸡1只，姜、花椒、盐适量。

（2）做法：将巴戟天、肉苁蓉用纱布包好，鸡洗净切块，加姜、花椒、水一同煨炖，后加盐调味即可。

（3）功效：补肾阳，益精血。用于肾虚阳痿。

巴戟天红茶

（1）材料：巴戟天5克，红茶3克。

（2）做法：将巴戟天和红茶用开水冲泡后饮用，冲饮至味淡。

（3）功效：补肾阳，壮筋骨，祛风湿，降压。

巴戟天药用配方

（1）配方：巴戟天1两，鹿茸（去毛，涂酥，炙微黄）1两，蛇床子1两，远志1两，薯蓣1两，熟干地黄1两，山茱萸1两，附子（炮裂，去皮脐）1两，补骨脂（微炒）1两，菟丝子粉1两，肉苁蓉（酒浸3宿，刮去皱皮，炙干）1两，白茯苓1两，桂心1两，硫黄（细研，水飞过）1两，磨为末，入硫黄研令匀，炼蜜为丸，如梧桐子大。每服30丸，渐加至40丸，空腹温酒送下。（《圣惠》）

（2）功效：治下元虚冷、颜色萎黄、肌肤羸、腰无力。

五、食用注意

（1）阳盛阴虚梦遗者，忌服。

（2）有湿热之证禁服。

传说故事

巴戟天的传说

相传，在广东高要地区有一个官员，因公务繁忙终日奔波，年纪轻轻就积劳成疾，常年腰酸背痛，苦不堪言。更要命的是，婚后数载竟无子嗣。

为了能传宗接代，官员又娶了位年轻貌美的小妾，希望能续自家香火。可是三年过去，小妾的肚皮还是丝毫没有动静。官员一想，八成是自己的问题，于是请来了名医。一番望闻问切之后，医生如实相告，果然是官员操劳过度，体弱阳虚，需要长期调理。

官员心里着急，这调理到何年何月方休啊，就派贴心家仆四处寻医问药。数月之后，家仆回来禀告，说是找着了个懂医之人，就在门外等候。官员大喜，赶紧出外迎接。出门一看，那人衣帽不整，满脸胡茬，居然还打着一双赤脚！这哪里是神医，分明是个农夫啊！官员心里有气，怨这家仆乱弹琴。可是一想到自己的病情，也只好死马当活马医，耐着性子将农夫请进大厅。

这农夫说自己风里来雨里去，腰酸背痛了半辈子，直到自己遇见了神仙。官员一听来了兴致，让家仆给农夫请了坐上了茶。农夫说自己叫岑德昌，有一日神仙在他家中落脚休息，喝了一碗水，吃了半碗面。神仙看他善良，就出门采来药草，一半让他捣碎敷在酸痛之处，一半让他煲汤来喝。还说这药草叫不凋草，后山多得很。农夫说自己一一照办，没想到半年之后，腰酸背痛真的好了。更神奇的是，自己年过半百，竟然又生了一个儿子！

官员听了激动万分，赶紧让农夫带自己去寻那神仙药草。

他们来到农夫家后山，果然看到了大片绿色的药草。时值隆冬，万物凋零，唯独这片药草生机盎然。官员一看，果然是不凋之草，心想自己的病是有救了。官员越看越激动，眼里的药草仿佛是个执戟向天的斗士，永不屈服，便称这药草为巴戟天草。后来官员照农夫所说，一半外敷，一半煲汤。三月之后，腰不酸背不疼。一年之后，妻妾二人为官员生下一儿一女。这事后来越传越广，越传越神，巴戟天的名气也越来越大，终于从山间野草成了十大广药之一。

香附

归到西江上，扁舟若泛槎。
青青香附草，的的野棠花。
断岸几千尺，孤村三两家。
水生鱼正美，饱饭试新茶。

——《江上二首（其一）》

（明）胡俨

一、物种本源

拉丁文名称，种属名

香附，是莎草目、莎草科、莎草属植物莎草（*Cyperus rotundus* L.）的干燥块茎，又名莎草、香附子、莎草根、雷公头、雀头香等。

形态特征

莎草为多年生草本植物。茎直立，呈三角形。叶聚集在茎的基部，叶鞘被关闭和包裹。叶狭长，线形，长20~60厘米，宽2~5毫米，先端尖，全缘，具平行脉。在茎的顶端有3~6个伞形花蕾，基部有2~4个花蕾，花蕾与花序等长或长于花序，小穗宽线形，稍平坦。小坚果有长圆形、椭圆形和三角形。

香附植物

习性，生长环境

莎草多生于山坡草地或水边湿地，要求年平均温度2℃以上，年降水量1600毫米以上，以土层深厚、有机质含量较高、排水性和通气性良好的沙土或沙壤土为宜。在我国，香附主要产于山东、浙江、福建、湖南、河南等地。花期为6—8月份，果期为7—11月份。

二、营养及成分

香附主要成分包含淀粉40%～41.1%、挥发油0.7%～1.4%。挥发油中含β-蒎烯、莰烯、柠檬烯、对-聚伞花素、香附子烯、芹子三烯、β-芹子烯、α-香附酮、β-香附酮、绿叶萜烯酮、α-莎草醇及β-莎草醇、香附醇、异香附醇、环氧莎草薁、香附醇酮、莎草薁酮、考布松及异考布松等物质。

三、食材功能

性味 味辛、微苦、微甘，性平。

归经 归肝、脾、三焦经。

功能

（1）香附有行气、疏肝、解郁、调经止痛的作用。适用于肝郁气滞、消化不良、胸脘痞闷、寒疝腹痛、乳房胀痛、月经不调、经闭痛经等症。

（2）香附具有痛经止痛的作用。经皮下注射或阴道内给药均可使阴道上皮细胞完全角化，香附的这一作用是其治疗月经不调的主要依据之一。

（3）香附水乙醇提取物具有增强心脏功能、减缓心率的作用，同时能降低血压。

（4）香附水煎液能促进大鼠胆汁分泌，对肝细胞有保护作用。

香　附

四、烹饪与加工

香附陈皮炒肉

（1）材料：猪肉200克，香附9克，陈皮3克，生姜、盐适量。

（2）做法：将香附、陈皮洗净泡软，陈皮切丝，瘦猪肉洗净切片；在锅内放少许油，烧热后，放入猪肉片，翻炒片刻；放入陈皮、香附、生姜，加适量清水烧至猪肉熟，大火翻炒收汁，加盐调味即可。

（3）功效：疏肝理气，消胀调经，燥湿化痰，补虚强身。

香附茶

（1）材料：香附3克，川芎3克，茶叶3克。

（2）做法：香附、川芎润透，切薄片；把川芎、香附、茶叶放入炖杯内，加水250毫升；把炖杯置武火上烧沸，用文火煎煮10分钟即可。

（3）功效：疏肝理气，调和肝胃。用于慢性肝炎、肝胃不和、气郁不舒、胸胁脘腹胀痛等症。

香附药用配方

（1）配方：香附100克，蕲艾叶25克。以醋汤同煮熟，去艾，炒为末，米醋糊为丸梧子大。每白汤服50丸。（《濒湖集简方》）

（2）功效：治疗心气痛、腹痛、少腹痛、血气痛。

五、食用注意

（1）血虚内热疼痛者，忌服；气虚无滞、阴虚、血热者慎服。

（2）单独使用、服用剂量过大或长久服用，会损耗气血。

传说故事

索索草

从前有个姑娘叫索索，天生丽质，心地善良。有一年，古砀郡大旱，十月无雨，百草皆枯。索索迫于生计嫁到黄河故道边的一个茅庄。

不料这里正闹瘟疫，大人小孩胸闷腹痛。可自从索索嫁来以后，丈夫却一直安然无恙。问索索，索索也不知。丈夫隐约感到，索索身上有股香气，断定这是驱疫的奥秘。于是他便让索索外出给众人治病。不几天，全村人又都露出了笑脸。

庄户人家闲着没事，又闲扯起索索看病的事来。结果一传十，十传百，最后传到索索丈夫耳朵里的话，竟变成了这样："……索索每到一家，就脱去衣服，让大人小孩围过来闻……"丈夫虽有拯救乡亲之心，但决不能容忍这种方式。于是两人为此常闹别扭。

终于，在一个风雨交加的夜晚，丈夫狠下毒手把索索害死了。

过了几天，索索的坟上长出了几缕小草，窄窄的叶，挺挺的茎，蜂也围，蝶也绕。又有闲言碎语说："索索风流，死后也招小虫子。"丈夫听后，挖地三尺，把尸骨埋得更深了。可过了一段时间，小草又从土里冒了出来，依然招蜂引蝶。丈夫又去挖又去埋，可草越挖越多，越埋越旺。

人们见此情景开始后悔了，说："索索死得冤屈，千万不要再挖了。将来万一再闹心口痛，说不定这草能治病……"

直到今天，尽管药名改叫香附，可当地人仍叫它索索草。可惜的是，要想用它理气止痛，必须挖出其身，而根球一个比一个深。

松萝

帝城寒尽临寒食，骆谷春深未有春。
才见岭头云似盖，已惊岩下雪如尘。
千峰笋石千株玉，万树松萝万朵银。
飞鸟不飞猿不动，青骢御史上南秦。

——《使东川·南秦雪》（唐）元稹

一、物种本源

拉丁文名称，种属名

松萝，是茶渍目、松萝科、松萝属植物长松萝（*Usnea longissima* Ach.）或环裂松萝（*Usnea diffracta* Vain.）的干燥地衣体，又名女萝、天蓬草、树挂、老君须等。

形态特征

松萝常悬垂附着于松杉或其他树木的枝干上，地衣体呈细丝状，柔软、悬垂，长15~40厘米，表面呈黄绿色，主枝短，具皮层，有环裂，次生分枝极长，无皮层，分枝表面常有纤毛、乳状突、环裂及窝孔等。

习性，生长环境

松萝多生长在阴湿的林中，附生针状树上，成悬垂条丝状。在我国，松萝主要分布于黑龙江、吉林、陕西、甘肃、浙江、安徽、四川、云南、西藏等地。

二、营养及成分

长松萝的地衣丝状体含巴尔巴地衣酸、松萝酸、地弗地衣酸、拉马酸、地衣聚糖、长松萝多糖、扁枝衣酸乙酯等。环裂松萝的地衣丝状体含巴尔巴地衣酸、松萝酸、地弗地衣酸等。

三、食材功能

性味 味甘、苦，性平。

归经 归心、肾、肺经。

功能

（1）松萝有祛痰止咳、清热解毒、除湿通络、止血调经的作用。主治痰热湿疟、咳喘、肺痨、头痛、目赤云翳、痈肿疮肿、瘰疬、乳痈、水火烫伤、风湿痹痛、跌打损伤、外伤出血、吐血、便血、崩漏、白带等症。

（2）解毒作用。松萝酸对白喉毒素、破伤风毒素有明显的解毒作用。

四、烹饪与加工

松萝酒

（1）材料：杜衡10克，松萝10克，瓜蒂30枚，黄酒200毫升。

（2）做法：将杜衡、松萝、瓜蒂捣碎，置容器中，加入黄酒，密封，浸泡3~5天后过滤去渣即得。

（3）功效：治疗痰饮咳喘、咳嗽痰多、胸中痞满等症。

松萝酒

松萝药用配方

（1）配方：天蓬草（松萝）3钱，楤木银皮5钱，细辛2钱。共研细粉，水或酒调敷。（《陕西中草药》）

（2）功效：治痈肿、无名肿毒。

五、食用注意

忌与生姜同用。

传说故事

松萝山上松萝茶

相传，松萝山上有个香火鼎盛的寺庙。庙门前有两口年代久远的水缸。缸里的绿萍长得喜人，缸水的颜色也绿如翡翠。往来的游客看了都称赞不已。

一次，一个外地的香客想买走这两口水缸，付了三百两金子作为定金。老方丈顿时觉得这两口缸很值钱，就让小沙弥们去清洗干净收了起来，等香客来取。

香客本是想要那缸水的。老方丈得知自己帮了倒忙，懊悔不已。香客便建议，不如在倒水的地方种些茶叶，想必一定有所成。果真如那名香客所说，倒水的地方长出一片与众不同的茶叶，因为在松萝山上，便命名为松萝茶。

两百年后，该地流行伤寒痢疾，大家纷纷来寺中拜佛。但凡拜了佛喝了寺院中给的松萝茶的人，疾病都相继好了，于是方丈便给每位来的客人都赠一包松萝茶，面授“普济方”。病轻者沸水冲泡频饮，二三日即愈；病重者，用此茶与食盐、粳米炒至焦黄煮服，或者研碎吞服，二三日也愈。因为有了松萝茶，伤寒痢疾的流行被遏制住了。

漏芦

晓日晴岗路未分，昔年钟磬隔林闻。
龙归古洞千岩雨，人卧空山半榻云。
异草灵苗交晚翠，野兰芳芷杂秋芬。
何时得似山中鹤，脱却鸡群友鹿群。

——《再游》（南宋）张镃

一、物种本源

拉丁文名称，种属名

漏芦，是桔梗目、菊科、漏芦属植物祁州漏芦［*Rhaponticum uniflorum*（L.）DC.］的根，又名鹿骊根、野兰、荚蒿、鬼油麻等。

漏芦植物

形态特征

祁州漏芦为多年生草本植物，根状茎粗厚，主根圆柱形，直径1～2.5厘米。表面暗棕色、灰褐色或黑褐色，粗糙。外层易剥落，根头部膨大，有残茎及鳞片状叶基。体轻，质脆，易折断，断面不整齐。气特异，味微苦。以外皮灰黑色、条粗、质坚、不裂者为佳。

习性，生长环境

祁州漏芦生长于向阳的山坡、草地、路边，忌涝。在我国，漏芦主要产于河北、辽宁、山西、陕西、山东、吉林、黑龙江、内蒙古等地。

二、营养及成分

漏芦的主要生物活性成分包括植物脱皮激素类、萜类、噻吩类，其次还有黄酮和挥发油等。植物蜕皮激素类化合物共有21个；萜类化合物主要包括19个三萜类类化合物，1个二萜和1个桉烷型倍半萜；噻吩类化合物为祁州漏芦的主要脂溶性成分。从漏芦的花中分离得到槲皮素等10个黄酮类化合物，从地上部位分离得到5个黄酮类化合物，从根中分离到了儿茶素。

三、食材功能

性味 味苦，性寒。

归经 归胃经。

功能

（1）漏芦有清热解毒、消痈散结、通经下乳、舒通经脉的作用。主治疮疖肿毒、乳痈、腮腺炎、淋巴结核、风湿痹痛、产后乳汁不下等症。

（2）漏芦煎剂对实验性动物有抗动脉粥样硬化作用。根与气生部分体外实验能明显抑制大鼠心、脑、肝、肾组织脂质过氧化物的形成，具有抗氧化作用。

四、烹饪与加工

漏芦茶

（1）材料：木通1克，漏芦3克，瓜楼根3克，甘草3克，花茶3克。

（2）做法：用350毫升水煎煮木通、漏芦、瓜楼根至水沸后，冲泡甘草、花茶10分钟后饮用。冲饮至味淡。

（3）功效：理气通乳，治疗妇女产后乳汁不下。

漏芦茶

通草漏芦炖猪蹄

（1）材料：猪蹄1~2个，

通草3~5克，漏芦10~15克，粳米60克，葱白适量。

（2）做法：先将猪蹄洗净后，劈开切成小块，煎取浓汤。将通草、漏芦煎汁去渣。把猪蹄汤和药汁同粳米一起煮粥，待粥将熟时放入葱白，稍煮即可食用。

（3）功效：治疗产后缺乳，乳汁不通。

漏芦药用配方

（1）配方：黄芪（生用）、连翘各50克，大黄0.5克（微炒），漏芦50克（有白茸者），甘草25克（生用），沉香50克。上为末，姜、枣汤调下。（《集验背疽方》漏芦汤）

（2）功效：治疗疽作二日后，退毒下脓。

五、食用注意

气虚乏力者、疮疡平塌不起者以及孕妇忌服。

传说故事

漏芦名字的由来

相传，东北松花江畔住着一位女大夫。女大夫不仅医术高明，而且心地善良，经常给松花江两岸的百姓们免费治病送药，深受百姓的爱戴。

一日，女大夫上山采药途中，遇到一位患乳痈（乳腺炎）的妇女。女大夫看到妇女痛苦的表情，便主动上前为她看病。在看病的过程中得知，这位妇女刚刚做了母亲，乳汁不畅通，引发了乳腺炎。而她的孩子没有乳汁可吃，饿得面黄肌瘦。这位妇女束手无策，急得直抹眼泪。

女大夫知道，如果不赶紧将这位妇女的乳痈治好，那她的小孩就会有生命危险。于是，她看了看刚采的药材，没有发现能治疗乳痈的。

正在焦急之时，她看到路边有种开着紫色花朵的植物，便随手将它拔起，放在嘴里尝了尝，是苦味的。她想，中医里很多味苦的药都能治疗火毒壅盛的疾病，便将这种草药连根捣烂敷在妇女的患处。她还嘱咐这位妇女，回去按照她的方法将这种草药外敷和煮水喝。没几日这位妇女的乳痈就好了，而且乳汁也比以前通畅多了。

女大夫了解了这种草药有治疗乳痈和通乳的功效，十分欣喜，以后凡是遇到这样的病人，用这种草药来治疗都有效，便称这种草药为“漏乳”。

后人觉得这个名字不雅，便改其谐音称为“漏芦”。

牡丹皮

牡丹富贵占春多，入药根皮去积疴。
理却劳伤经自利，除将吐衄血俱和。
骨皮退热功同等，黄柏滋阴效更过。
贵重浑如金百两，排脓还好痔疮科。

——《本草诗》（清）赵瑾叔

一、物种本源

拉丁文名称，种属名

牡丹皮，是毛茛目、毛茛科、芍药属植物牡丹（*Paeonia suffuticosa* Andr.）的干燥根皮，又名丹皮、丹根、牡丹根皮。

形态特征

成品牡丹皮为筒状或半筒状，有纵剖开的裂缝，略向内卷或张开，长5~20厘米，直径0.5~1.2厘米，皮厚0.1~0.4厘米。外表面为灰褐色或黄褐色，内表面呈淡灰黄色或浅棕色，有明显的细纵纹。质硬而脆，易折断，断面较平坦、呈淡粉红色。气芳香，味微苦而涩。

牡丹皮植物

习性，生长环境

牡丹喜温暖、凉爽、干燥、阳光充足的环境，也耐半阴，耐寒，耐干旱，耐弱碱，忌积水，怕热，怕烈日直射。适宜在疏松、深厚、肥沃、地势高燥、排水良好的中性沙壤土中生长，酸性或黏重土壤中生长不良。在我国，牡丹皮主要产于河南、河北、山东、陕西、四川、甘肃等地。

二、营养及成分

牡丹皮主要成分有酚及酚苷类、单萜及其苷类，还有三萜、甾醇及其苷类、黄酮、有机酸、香豆素等。其中酚及酚苷类成分包括牡丹酚、牡丹酚苷、牡丹酚原苷、牡丹酚新苷，还含芍药苷、氧化芍药苷、苯甲酰芍药苷、苯甲酰氧化芍药苷、没食子酸等。

三、食材功能

性味 味辛、苦，性微寒。

归经 归心、肝、肾经。

功能

（1）牡丹皮清热凉血，活血化瘀。用于热入营血、温毒发斑、吐血衄血、夜热早凉、无汗骨蒸、经闭痛经、跌扑伤痛、痈肿疮毒等症。

（2）镇静作用。牡丹酚能够显著减少小鼠自发活动，具有显著的镇静效果。

（3）解痉作用。牡丹酚对乙酰胆碱引起的豚鼠离体回肠强烈收缩有显著的解痉作用。牡丹皮中所含芍药苷对肠道平滑肌也具有显著的解痉作用。

（4）活血化瘀作用。牡丹皮有活血化瘀的作用，煎汤内服可用于血瘀闭经、痛经，外敷可用于跌打损伤导致的瘀血积聚、红肿疼痛。

四、烹饪与加工

牡丹皮芋头羹

（1）材料：牡丹皮15克，芋头80克，猪瘦肉30克，淀粉、葱、盐各适量。

（2）做法：牡丹皮放入水中煮沸，滤取其清液备用；芋头洗净，去皮，切成小块；将猪肉洗净，切成肉丝；把肉丝、芋头分别炒过，再加入牡丹皮药汁，放入葱、盐煮至沸腾，然后用淀粉勾芡成羹状即可。

（3）功效：清热凉血，活血散瘀。

生地牡丹皮粥

（1）材料：生地、牡丹皮各15克，扁豆花10克，大米50克。

（2）做法：将生地、牡丹皮水煎取汁，加大米煮为稀粥，待熟时加入扁豆花，再煮沸即可。

（3）功效：清热利湿，活血化瘀。

牡丹皮药用配方

（1）配方：牡丹皮、山栀子仁、黄芩（去黑心）、大黄（锉、炒）、木香、麻黄（去根、节）。上六味等分，锉如麻豆大。每服三钱匕，水一盏，煎到七分，去滓、温服。（《圣济总录》牡丹汤）

（2）功效：治伤寒热毒发疮。

五、食用注意

（1）体虚郁火旺者忌服。

（2）食之过多，可引脾肺之火，或令人头晕目眩、肠胃不适导致日益消瘦。

（3）血虚有寒者，孕妇及月经过多者慎服。

花农画牡丹做嫁妆

从前有个老花农，整天伺候牡丹。为了冬天也能看到牡丹，他想了一个办法：春天拿张纸，拿杆笔把牡丹画下来。从幼芽出土就画，一天画一张，一直画到落叶。因为他年年画，时间长了竟画了几箱子。地里没了牡丹，就看纸上的。有人要买他的画，他不卖，像宝贝似的保存着。

这事惊动了花神，接着就出了蹊跷事：他头一天画个牡丹幼芽，第二天就长起来，再一天又开了花。不用培土浇水，它自己在画纸上会长，这事神了！

老花农的独生闺女爱花要出嫁了。老头却不置办嫁妆，还是整天照顾他地里、纸上的牡丹。直到爱花上花轿那天，老花农捧出个梳妆匣，上着锁、贴着封条。他把钥匙小心地交给闺女，爱花心里凉到底了。又转念一想：也许里边是银票？

爱花到婆家，闹喜的人见这么小匣的嫁妆，说啥的都有，爱花很难堪。可她想想匣子里的银票，还是沉住了气。等到夜深人静，爱花和新女婿关好房门，小心地搬出小匣，打开锁，撕去封条，里面有叠折得方方正正的纸。爱花急忙拿出来看，竟是张青枝绿叶粉红色的牡丹画。她越想越恼，一把抓过画纸就撕。新女婿拦不住，手被擦破了，呼呼地淌血。爱花慌了，赶紧用手中的烂纸给丈夫擦血。只擦了一下，血就没了，连伤口也不见了。

两人傻了眼，打开纸看，是画中的牡丹根。花还是鲜亮的，一点血也没沾。想不到它能治伤！爱花忙找撕碎的纸往一块儿对，可哪里对得成。那些离了根的枝、叶、花眨眼工夫都枯焦了。爱花后悔得要死：这是无价宝，让自己白白毁了啊！她不等回门的日子就跑回娘家，让爹再画张牡丹。老花农说什么也没答应。

后来，爱花和丈夫就用这牡丹根给人治伤病，成了郎中。再后来，大伙儿都知道牡丹根有用了，丹皮也能入药。

燕窝

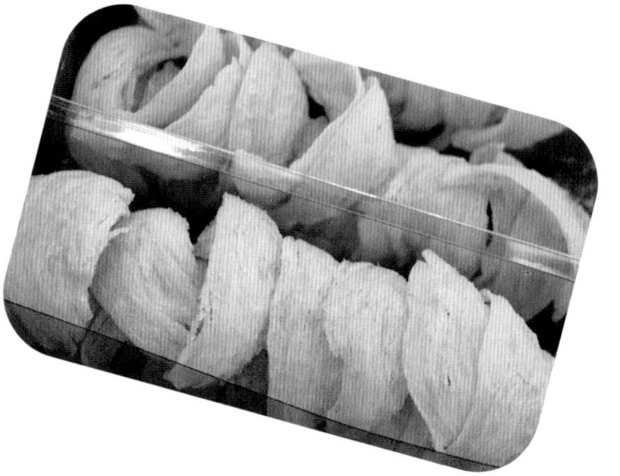

变石身犹重，衔泥力尚微。
从来赴甲第，两起一双飞。

——《咏燕》（唐）张鷟

一、物种本源

拉丁文名称，种属名

燕窝，是雨燕目、雨燕科（*Apodidae*）、金丝燕属及多种同属燕类使用其唾液与绒羽混合黏结所构筑而成的巢穴，又名燕菜、燕根。

形态特征

燕窝的窝外壁由密集的横条丝状物堆垒而成，表面具有不规则棱状突起物，窝内壁由丝状物编织成不规则网状结构，窝碗根两端有小坠角，其外形似元宝状。燕丝细而密，一般都有天然缝隙，盏形大而厚，盏内有小量细毛。燕窝浸水以后，平均可发大6～12倍，燕窝的色泽呈象牙白或象牙色偏黄，有光泽。

二、营养及成分

燕窝的蛋白质含量在66%以上，糖含量在16%～26%，脂肪含量仅在0.2%左右，水分含量在13%～16%，矿物质含量在3%～5%。此外，燕窝中含有较丰富的唾液酸，其含量高达12%，燕窝中的氨基酸种类十分丰

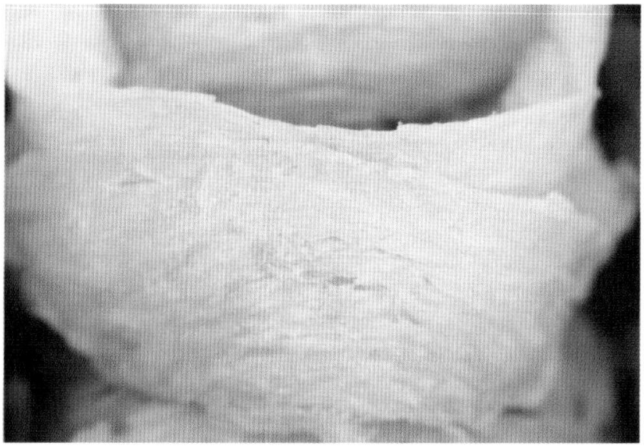

燕　窝

富，含17种氨基酸，包括7种必需氨基酸：赖氨酸、苏氨酸、亮氨酸、异亮氨酸、缬氨酸、蛋氨酸、苯丙氨酸。燕窝含常量元素钠、镁、钙，必需微量元素铁和铜。

三、食材功能

性味 味甘，性平。

归经 归肺、胃、肾经。

功能

（1）滋阴润燥、益气补中。对于体质虚弱、营养不良、痰咳、慢性支气管炎、支气管扩张、肺气肿、肺结核、咯血、吐血和胃痛人群来说，燕窝是一种比较适合食用的佳品。

（2）延缓衰老作用。燕窝富含唾液酸，其对人体脑部滋补作用较为明显，有助于老年人延缓脑细胞衰老，减慢记忆力衰退。

（3）改善骨骼强度。有研究表明，燕窝提取物可以增强被切除卵巢大鼠的骨骼强度，提高钙浓度，增加真皮厚度，进而推测燕窝水提物可以提高绝经期女性的骨骼强度，增加真皮厚度。

四、烹饪与加工

冰糖燕窝羹

（1）材料：燕窝250克，樱桃干、枸杞、冰糖适量。

（2）做法：将水发的燕窝放在小盆里，樱桃干、枸杞洗净；将冰糖和清水放入锅中，微火煮至糖汁状，用纱布滤去杂质，然后将糖汁冲入装有燕窝的小碗里，滗去糖汁，再将剩余的净糖汁冲入燕窝，上笼屉用旺火蒸5分钟取出，撒上樱桃干、枸杞即成。

（3）功效：滋阴润燥，补肺养颜。

冰糖燕窝羹

燕窝虫草炖水鸭

（1）材料：燕窝10～15克，冬虫夏草8克，光水鸭半只，陈皮6克，元肉12克，生姜、盐适量。

（2）做法：将燕窝、冬虫夏草浸透洗净后，把光水鸭加姜片略为焯水，将燕窝、冬虫夏草、陈皮、元肉、光水鸭一起放入炖盅内，加开水4碗，隔水以大火滚后转文火炖3小时，食用时稍加盐调味即可。

（3）功效：滋补脾肾，健脾养血。

燕窝药用配方

（1）配方：黄芪20克，燕窝5克。煎服，日服2次。（《中国动物药》）

（2）功效：治疗体虚自汗。

五、食用注意

（1）燕窝出现霉烂等现象时，可能有毒，不可食用。

（2）有邪病症状的患者禁止食用燕窝。

（3）不要在服用药物的同时吃燕窝。

（4）在服用燕窝期间应当少吃辛辣、油腻的食品，最好不要吸烟。

郑和与燕窝

我们通常所说的燕窝，是指一种金丝燕筑的窝。最早食用燕窝的是东南亚一带的人们。唐代，中国民间曾有人用瓷器与印尼人交换过燕窝。到了明代，三保太监郑和下西洋尝到燕窝的美味后，从马来群岛带回一些奉献给明成祖，从此，燕窝便出了名。

明朝初年，我国航海之父郑和在航海途中经过南洋诸国。当时，他所率领的船队不幸遇到了暴风雨，最后被迫登陆在一个荒无人烟的小岛上。由于食物紧缺，大家经常处于饥肠辘辘的状态。最后，郑和在无意中发现了峭壁上的燕窝，于是采摘下来给船员们充饥。没想到的是船员们吃了燕窝后个个脸色红润，精神抖擞。郑和采摘了一些燕窝，回国后进献给明成祖，明成祖也大为赞赏，从此，燕窝便名声大噪。

其实在此之前，元代贾铭的《饮食须知》一书中，就有“燕窝，味甘，黄黑霉烂者有毒，勿食”的记载。清代中期的烹饪书《调鼎集》所记载的数十种“上席菜单”中，名列首位的就是燕窝。

鹿茸

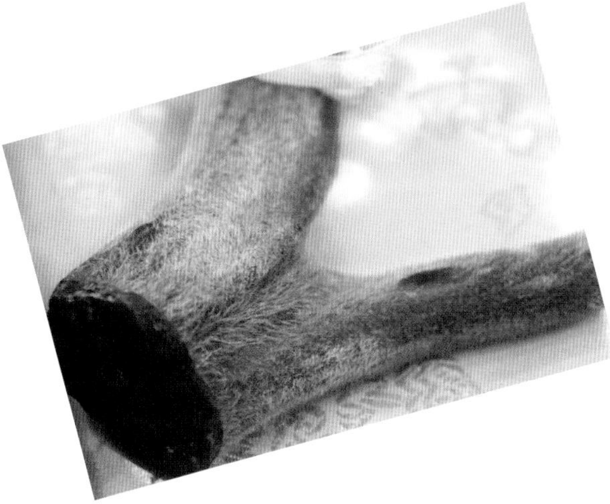

世间药院，只爱大黄甘草贱；
急急加工，更靠硫黄与鹿茸。
鹿茸吃了，却恨世间凉药少；
冷热平均，须是松根白茯苓。

——《减字木兰花·世间药院》（北宋）陈瓘

一、物种本源

拉丁文名称，种属名

鹿茸，是偶蹄目、鹿科、鹿属动物梅花鹿（*Cervus nippon* Temminck）或马鹿（*Cervus elaphus* Linnaeus）的雄性鹿未骨化密生茸毛的幼角。梅花鹿的鹿茸习惯上称为“花鹿茸”，而马鹿的鹿茸习惯上称为“马鹿茸”。又名斑龙珠。

形态特征

鹿茸是雄鹿未骨化密生茸毛的幼角，带茸毛，含血液。雄鹿到了一定年纪头上就会长角，初发时嫩如春笋，其表面有一层纤细茸毛的嫩角就是鹿茸了。嫩角慢慢长大，逐渐老化成为鹿角，茸毛也就随之脱落了。鹿茸根据鹿的生长时间、茸的大小、分叉多少及老嫩程度可分为很多规格，如初生茸、二杠、三岔、挂角、再生茸、砍茸等。锯收的鹿茸全体呈圆柱形，有1个分枝的称为“二杠”，有两个分枝的称为“三岔”。

鹿 茸

二、营养及成分

（1）花鹿茸主要含有氨基酸、磷脂、脂肪酸，还含有脂蛋白、肽类、糖脂、固醇类、多胺类、激素样物质、核酸类、酶类、糖、维生素及各种无机微量和常量元素等。此外，还含有精胺、腐胺化合物、神经髓鞘磷脂、神经节苷脂、雌二醇、前列腺素、神经酰胺、雌酮等物质。

（2）马鹿茸主要含有胆固醇、胆固醇油酸酯、胆固醇肉豆蔻酸酯、胆固醇棕榈酸酯、胆固醇硬脂酸酯、尿素、尿苷、次黄嘌呤、尿嘧啶、肌酐、烟酸等物质。

三、食材功能

性味 味甘、咸，性温。

归经 归肝、肾经。

功能

（1）鹿茸有补肾、益血、强健筋骨、调节任脉和督脉的作用，还有促进脓毒排出、新肌再生的作用。

（2）鹿茸能减轻身体疲劳，改善睡眠状况，促进食欲。

（3）鹿茸精能促进生殖器官的生长发育并且增强性功能，还有利于机体的发育生长；鹿茸精还有保护心脏的作用，能增强心肌的收缩力，对治疗由氯化钡诱发的大鼠室性心律失常有一定作用。

（4）鹿茸提取物能明显延长小鼠睡眠时间，起到镇静作用；可以增强机体的免疫力，延缓衰老速度；改善机体的蛋白质代谢障碍和能量代谢，增加肾脏利尿功能。

鹿茸粥

（1）材料：鹿茸6克，大米150克，盐少许。

（2）做法：将鹿茸烘干，研成细粉；大米淘净，放入锅中，加水500毫升，置于武火上，烧沸。再用文火煮35分钟，加入鹿茸粉、盐，搅拌均匀即可。

（3）功效：温肾，壮阳。适用于精液稀少、寒冷等症。

鹿茸粥

人参鹿茸鸡肉汤

（1）材料：鸡肉120克，人参12克，鹿茸32克，盐适量。

（2）做法：鸡肉洗净，去皮，切粒；人参、鹿茸切片，全部放入炖盅内，加开水适量，加盖，隔水慢火炖3小时后加盐即可。

（3）功效：大补元气，温肾壮阳。

鹿茸枸杞鲍鱼汤

（1）材料：鹿茸20克，枸杞40克，新鲜鲍鱼1只，红枣4枚，生姜、盐适量。

（2）做法：鲍鱼去壳，用水洗净，切成片状。鹿茸切片，枸杞、生姜、红枣洗净，生姜去皮切片，红枣去核。将全部材料放入炖盅内，加入凉开水，盖上盖，放入锅内，隔水炖4小时，加入盐调味即可。

（3）功效：益精明目，强身健体。

鹿茸药用配方

（1）配方：鹿茸、熟干地黄、黄芪、山茱萸、五味子、牡蛎各称取30克。上为细散。每服2钱，饭前以温酒调下6克。方中鹿茸配伍熟地治肾阳不足。（《太平圣惠方》鹿茸散）

（2）功效：治疗房黄，以及身体沉重、状似着热、不得睡卧、小便黄色、眼赤如朱、心下块起、状如痴人的病人。

五、食用注意

阴虚阳亢、血分有热、肺有痰热及外感热病者均禁服。

鹿茸功效赛鹿肉

从前，有三兄弟，父母死了以后，他们就分了家。老大为人尖酸刻薄；老二为人吝啬狡诈；老三为人忠厚老实、勇敢勤劳，受到人们的称赞。

有一天，兄弟三人相约，一起去森林里打猎。老三勇敢地走在前面，老二胆小走在中间，老大怕死跟在后边。走着走着，树林里发出了响声。老大、老二都躲在大树后面，只有老三向发出声音的地方走去。哦！原来是一只长着嫩角的鹿。老三端起了猎枪，扣动扳机，“砰”的一声，鹿被击中头部，倒在草丛里一动不动了。鹿打死了，怎么分呢？“我看就这样分吧！大哥是老大，就应该分头；弟弟是老三，应该分脚和尾巴。”狡猾的老二说，“我是老二，应该分身子。”老大连连摆手说：“不行不行，打猎还分什么大小！最合理的办法是，谁打着哪里就分哪里。”精明的老二就极力赞同。

老三争不过他们只好提着一个没有肉的鹿头回家了。按照规矩，不管谁打的野味，都要分一部分给大家尝尝。老三难办极了，鹿头上一点肉也没有。他想出一个办法：去借了一口大锅来，满满两挑水倒进去，然后就把鹿头放到锅里煮。由于肉太少，鹿角也不像过去那样砍下来扔掉了，都放进去，熬成了一锅骨头汤，给寨子里的每个乡亲都端去一碗。

怪事出现了，吃了很多鹿肉的老大老二没有把身子补好，而喝了鹿头汤的人，却个个觉得全身发热，手脚有了使不完的劲，人也强壮了。

这到底是为什么？有经验的老人想，以前吃鹿肉从没吃过鹿角，所以就没起到什么作用。这次老三把一对嫩角都放进去煮了，所以效果截然不同。后来，人们反复试了几次，证明嫩鹿角确实有滋补身子的功效！因为嫩鹿角上长有很多茸毛，大家就把这种大补药叫作“鹿茸”了。

鹿胎

雪打篷舟离酒旗，华阳居士半酣归。
逍遥只恐逢雪将，恬淡真应降月妃。
仙市鹿胎如锦嫩，阴宫燕肉似酥肥。
公车草合蒲轮坏，争不教他白日飞。

——《送润卿博士还华阳》
（唐）皮日休

一、物种本源

拉丁文名称，种属名

鹿胎，是偶蹄目、鹿科、鹿属动物梅花鹿（*Cervus nippon* Temminck）或马鹿（*Cervus. elaphus* Linnaeus）的胎盘或胎兽，又名梅花鹿胎、马鹿胎、花鹿胎等。

形态特征

干燥的鹿胎，大小不一，全体弯曲，头大，嘴尖，下唇较长，四肢细长，有之蹄，尾短，脊背皮毛有小白色点。鲜时色淡，干燥后呈棕红色。质坚硬，不易折断，气微腥。以幼小、无毛、胎胞完整、无臭味者为佳。四川所产的鹿胎，为水鹿、白唇鹿、白鹿的胎兽及胎盘。用木板夹扁后加工干燥，鹿胎呈扁圆形，棕褐色，外面包裹一层胎盘。

鹿 胎

二、营养及成分

鹿胎中的细胞生长因子含量比较丰富，还含有多种胶原成分。鹿胎中的细胞因子包含有碱性成纤维细胞生长因子、胰岛素样细胞生长因子、血小板衍生细胞生长因子、转化生长因子等。鹿胎中含有大量天然蛋白激素包括鹿胎生乳素、绒毛膜促甲状腺激素、绒毛膜促性腺激素、甾体激素，如孕激素和雌激素等。鹿胎中所含有的氨基酸种类丰富，主要包括谷氨酸、苏氨酸、丝氨酸、丙氨酸、脯氨酸、蛋氨酸、甘氨酸、胱氨酸、异亮氨酸、组氨酸、亮氨酸、苯丙氨酸、天冬氨酸、精氨酸等。

三、食材功能

性味 味甘、咸，性温。

归经 归肝、肾、心经。

功能

（1）鹿胎有补肾壮阳、益精养血、促进生育、温暖子宫的作用。可以治疗肾虚精乏、子宫虚寒、久不生育、气虚血少、腰腿酸软、体力虚弱、崩漏带下等症状。

（2）调经散寒作用。对于月经不调、经期小腹疼痛、血色不正、经期延长、四肢厥逆、久不孕育等症状具有显著疗效。

（3）补气益血。对于面色苍白、四肢无力、手脚寒冷、经血过少、虚弱羸瘦、过度疲劳等均有明显功效。

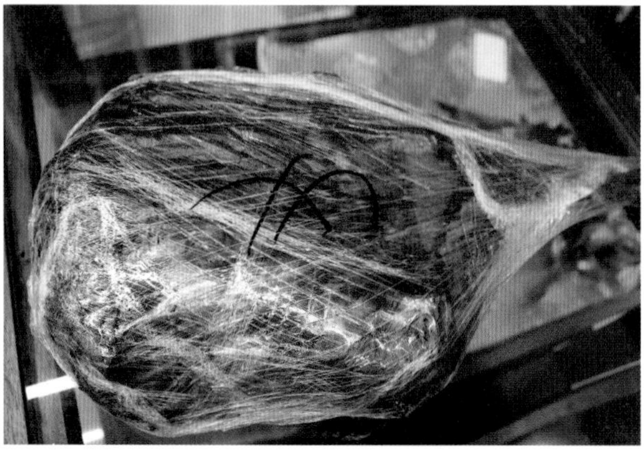

鹿 胎

（4）调节内分泌。鹿胎中含有多种免疫成分，具有调节内分泌、垂体、下丘脑、卵巢性腺的作用。

四、烹饪与加工

干蒸鹿胎

（1）材料：鹿胎1具，淡菜100克，生姜、葱、盐各适量。

（2）做法：鹿胎洗净，放蒸锅内，加淡菜、葱、生姜、盐，隔水闷蒸3~4小时，蒸至鹿胎熟，汤汁满即可。晨起空腹服食。

（3）功效：大补肾元，填精养血，扶益虚损。适用于诸虚百损之症，忌食萝卜。

鹿胎盘炖山药

（1）材料：鹿胎1个，山药30克，补骨脂15克，大枣5枚，白酒、盐各适量。

（2）做法：鹿胎洗净，用盐擦，放入沸水中煮片刻，再用冷水漂洗数次，切成块状，入锅，加适量白酒，炒透，再加适量清水、山药、补骨脂、大枣，隔水炖熟即可。

（3）功效：补肾助阳，纳气定喘。适用于肾阳虚弱型肺源性心脏病。

鹿胎药用配方

（1）配方：鹿胎、当归、枸杞、熟地、紫河车、阿胶，为丸剂服。（《四川中药志》）

（2）功效：治阴虚崩带。

五、食用注意

血热妄行崩漏者，忌服。

传说故事

鹿胎山名字的由来

相传，会稽嵊县（今绍兴嵊州）境内有一座山，叫作鹿胎山。为何叫鹿胎山？这其中还有一段故事。

当时有一个叫陈惠度的人，专门以打猎营生。有一天，他来到此山中打猎，途中看见一只怀胎的母鹿从他面前走过。陈惠度赶紧藏身树后，迅速从腰袋内取出弓箭，搭上一支箭就向母鹿射去。他大叫了一声“着”，箭不偏不倚，射中鹿头。

那只母鹿受了伤，带着伤就急匆匆地跑进了林中。陈惠度赶忙追到跟前去，看见母鹿在林中跳上两跳，就把小鹿生了出来。老鹿生产后，便把小鹿身上的血舐干净，然后倒地身亡了。

陈惠度见了，好生不忍，后悔不已，于是抛弓弃矢，投身寺庙去当和尚去了。

后来母鹿倒地身亡的地方生长出一种草来，后人就把这种草命名为“鹿胎草”。

这个山原叫剡山，为此就改作鹿胎山。

鹿骨

《千金》鹿骨煎，鹿生在林薮。
水甘草丰茂，善奔亦能走。
一朝触祸端，难料死谁手。
割肉登釜俎，收血置杯酒。
鹿骨未易弃，首方晋后肘。
研末冲酒服，疗虚肿面垢。
锯段漂血丝，蒸制干研就。
色作琥珀色。坚重如垂玖。
温阳强筋骨，轻身愈伤口。
杀身曾可怜，仁德存身后。
功在利人身，死后垂不朽。
碎骨研髓辈，应葵此鹿否。

——《鹿骨》（唐）
东门长胜

一、物种本源

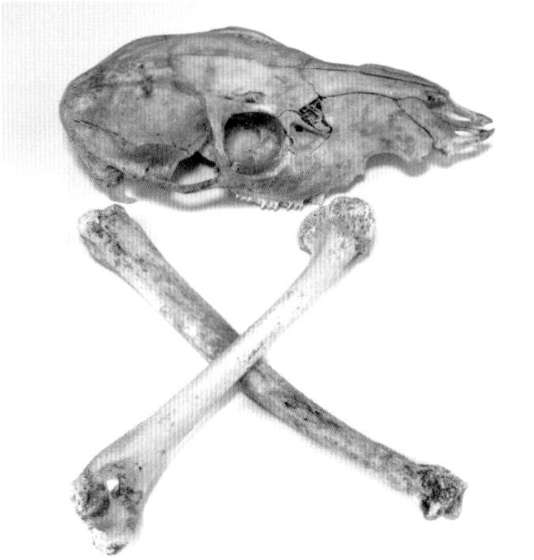

鹿 骨

拉丁文名称，种属名

鹿骨，是偶蹄目、鹿科、鹿属动物梅花鹿（*Cervus nippon* Temminck）或马鹿（*Cervus elaphus* Linnaeus）的骨骼，又名鹿全骨、鹿胫骨。

形态特征

鹿骨鲜时色淡，干燥后呈棕红色。质坚硬，不易折断，气微腥。以幼小、无毛、胎胞完整、无臭味者为佳。

二、营养及成分

鹿骨中富含丰富的骨胶原、蛋白质、维生素、卵磷脂、多种微量元素等，在其软骨中酸性黏多糖及其衍生物的含量也比较丰富。鹿骨中还含有丰富的磷酸钙、磷酸镁、葡萄糖酸钙、甘油磷酸钙、泛酸钙等。

三、食材功能

性味 味甘，性温。

归经 归肾经。

功能

（1）中医认为，鹿骨有除风祛湿、补益虚羸、续筋强骨、止痢、安胎、敛疮、生肌的作用。适用于虚劳羸瘦、骨弱无力、风湿痹痛、脾胃气虚、下痢清水、胎动不安、瘰疬疮毒、久溃不敛等症。

（2）鹿骨中的磷脂质、磷蛋白对脑组织发育有重要作用。

（3）鹿骨多肽对地塞米松诱导的钙磷代谢失衡起到抑制作用，同时还能促进骨形成和抑制骨吸收，对于治疗GIOP大鼠病理学改变有一定程度的作用，对骨质疏松大鼠具有保护作用；鹿骨中的骨胶原和钙的组合会促进钙的吸收，是一种独特的补钙方式，对于骨密度和骨骼韧性的增强都起到一定的作用，所以骨胶原能改善骨质疏松。

四、烹饪与加工

鹿骨酒

（1）材料：鹿骨100克，枸杞子30克，白酒1000毫升。

（2）做法：将鹿骨捣碎，枸杞子拍破，置净瓶中，加入白酒，密封，浸泡14天后，过滤去渣，即成。

（3）功效：补虚羸、壮阳、强筋骨。

鹿骨酒

鹿骨汤

（1）材料：鹿骨500克，玉米350克，花椒、姜片、料酒、胡椒粉、盐各适量。

（2）做法：鹿骨用水洗净，玉米洗净后切块；倒入清水、鹿骨、玉米、花椒、姜片、料酒、胡椒粉、盐，搅拌均匀；大火煮沸，再用小火煮30分钟即可。

（3）功效：鹿骨汤具有补虚、强筋、壮骨的功效，适用于久病体弱、精髓不足、贫血、风湿、四肢疼痛等症。

鹿骨药用配方

（1）配方：鹿骨1具，枸杞根2升。各以水1斗，煎汁5升，和匀，共煎5升。日2服。（《千金方》鹿骨煎）

（2）功效：补益虚羸。

五、食用注意

泻痢初起者，不宜服。

传说故事

《百喻经》中的猎人赠骨肉

在梵授王统治的波罗奈国，有四个富商各有一子，都长得风流倜傥，且喜欢结伴闯江湖。一天，四位商人之子又一起出城，途中坐在路边休息，交谈近来的见闻。这时一位猎人打猎回来，车上装满了猎物，光是鹿就有不少头，准备进城卖掉这些猎物。

看到驶来的马车，第一位商人的儿子站起来说："我向猎人要块肉去。"话音刚落，他已走到车前很不礼貌地说："喂！打猎的，割块肉给我！"猎人见此人如此傲慢无礼，便不卑不亢地回答："向人索要东西，怎能以这样的口气呢？要和气换和气才对！我不会拒绝你的要求，但会按照你的言辞来决定给你哪块肉。"说完，猎人便念了一首偈语："公子所要肉，出言欠和逊。按君言粗鲁，只配得鹿骨。"第一位商人的儿子拿着猎人给他的鹿骨，悻悻地退回原来坐的地方。

第二位商人的儿子也站了起来，说道："我也向猎人要块肉。"他来到猎人面前和颜悦色地说："大哥，能给我一块肉吗？"猎人笑着说："当然可以，我会按你的言辞来决定给你哪块肉。"接着，猎人扶着车把又念了一首偈语："人说尘世中，兄弟手足情。按君言辞和，送君鹿腿肉。"第二位商人的儿子拿着猎人给他的鹿腿，高兴地回到路边。

第三位商人的儿子也站了起来，说道："你们都向猎人要了肉，我也去。"他来到猎人面前，用温和、尊重的语调笑着说道："老爹，请给我一块肉好吗？"猎人也报以一笑，爽快地说："我会按照你的言辞决定给你哪一块肉的。"说完，他又念了一首偈语："儿呼一声爹，为父心头颤。按君言辞敬，赠君心头肉。”第三位商人的儿子接过鹿心，愉快地回到朋友身旁。

第四位商人的儿子迎着他站起身来，说道：“我也去向猎人要肉。”他来到猎人面前，诚恳而又尊敬地含笑说道：“朋友，打猎辛苦了，能否赏我一块肉?”猎人也礼貌地微微颔首，潇洒地说：“没问题，朋友！我将会按照你的言辞来决定给你哪一块肉的。”说罢，他第四次念起偈语：“村中若无友，犹孤居森林。按君言辞美，赠君倾我车。”猎人怕年轻人没听清，再次强调：“朋友，上车来吧！我要将这整车猎物都送到你家去。”

第四位商人的儿子也不客气，让猎人驾车把满车鹿肉送回自己家。他吩咐仆人卸下肉，厨子马上烹煮，热情招待猎人。他俩边饮酒边交谈，吃喝了整整一夜，尽兴而散。

禅思禅悟：每个人有不同的修养和处世方法。人际交往中，你敬我一尺，我敬你一丈，真诚换取真诚，尊敬赢得尊敬。

鹿尾

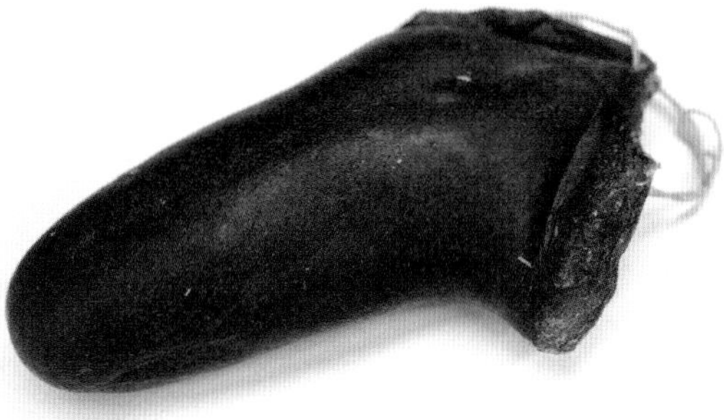

銮舆秋狝猎南冈，鹿尾分甘赐尚方。
浓色殷殷红玉髓，微香馥馥紫琼浆。
韭花酷辣同葱薤，芥屑差辛类桂姜。
何似毡根蘸浓液，邀将诗客大家尝。

——《鹿尾》（元）耶律楚材

一、物种本源

拉丁文名称，种属名

鹿尾，是偶蹄目、鹿科、鹿属动物梅花鹿（*Cervus nippon* Temminck）或马鹿（*Cervus elaphus* Linnaeus）的尾巴。

形态特征

鹿尾的形状粗短，略呈圆柱形，先端钝圆，基部稍宽，割断面不规则。有长棕黄色毛发，略带白毛，长约15厘米的鹿尾；也有表面光滑不带毛，呈紫红色至紫黑色和少数皱沟的鹿尾。鹿尾还被称马鹿尾、花鹿尾，质地坚硬，稍带腥味。

二、营养及成分

鹿尾的化学成分极其复杂，其基本成分是水分25%～30%，粗蛋白50%～70%，粗脂肪10%～40%，其他成分4%～13%。鹿尾中含有磷脂、氨基酸、前列腺素、生物胺、激素、维生素、脂肪酸和大量无机元素等。据测定，马鹿尾和梅花鹿尾中含有13种氨基酸、22种无机元素。梅花鹿尾中含有7种脂肪酸，除含有上述成分外，目前已知的还有维生素、芳香类化合物等活性成分。

三、食材功能

性味 味甘、咸，性温。

归经 归肝、肾经。

功能

（1）鹿尾是鹿的阴精所聚之处，是一种名贵的中医药补品。相较于鹿茸之燥热，其药性温和，优点是温而不燥。梅花鹿尾的益精、滋补、壮阳、补肾作用显著。

（2）鹿尾对腰椎间盘突出具有明显的治疗效果。鹿尾可以益肾填精，治疗失眠，使人感觉精力充沛、神清气爽，同时还有增强人体免疫力、缓解疲劳、抗衰老的作用，对神经衰弱、多种妇科疾病等疑难杂症也有治疗效果。

鹿　尾

四、烹饪与加工

鹿尾酒

（1）材料：鹿尾一具，红枣（去核）、桂圆肉、巴戟天各1斤，肉苁蓉0.5斤，白酒10斤。

（2）做法：将红枣（去核）、桂圆肉、巴戟天、肉苁蓉洗净晾干水分上锅蒸，蒸半个小时后，将以上材料全部晾晒2天；将晒干的红枣、桂圆肉、巴戟天、肉苁蓉与切成片的鹿尾全部放进准备好的瓶装白酒中；保存3个星期即可服用了，每次服30毫升即可。

（3）功效：添精养肾，补肾壮阳。

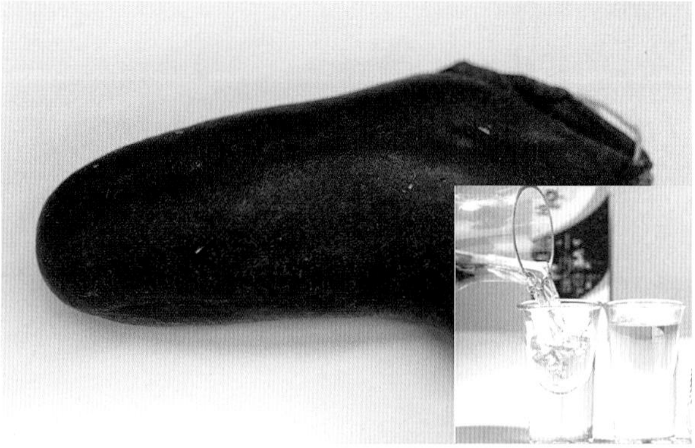

鹿尾酒

鹿尾炖乌鸡汤

（1）材料：鹿尾5钱，乌鸡1只，党参4钱，怀山5钱，枸杞子5钱，红枣12个，生姜、盐各适量。

（2）做法：鹿尾切片备用；乌鸡洗净备用。党参、怀山、枸杞子、红枣去核、生姜分别用清水洗净备用。将全部材料放入大炖盅内，注入适量水，盖上炖盅盖，隔水炖4小时，加盐调味即可。

（3）功效：壮阳固精，补肾填髓，补气血及强身健体。

鹿尾药用配方

（1）配方：鹿尾1条，当归50克。水煎分服，连服2剂。（《百病千方》）

（2）功效：壮阳补肾。

五、食用注意

阳盛有热者忌食。

传说故事

宁安县乌青天审死鹿

清朝宁安县有位乌大人家喻户晓，是有名的“乌青天”。据说，有个猎人叫窝得坤，年年要给打供。冬天打些鹿胎鹿尾进贡，春天打鹿茸进贡。

有一年秋天，窝得坤怎么也打不着鹿，实在完不成任务。本来应该交十个鹿尾，可是就打了九个。眼看再有三天就到期限了，他非常着急。如果到时交不上去，轻则痛打一顿，重则要被充军发配或关押罚款。

有一天，他发现只挺大的鹿，鹿尾非常好。他跟踪了一天一夜，累得筋疲力尽，终于一箭射中了鹿的前胛，鹿被射中后飞快地跑。他追到半夜也没追上，后来到天亮时才找到。鹿身上有两只箭，他自己一根，另外还有一根。他刚要上前就听背后有人大喊：“快放下，这鹿是我的！你怎么随便乱抢呢！”两人围着鹿就争执了起来。

窝得坤想期限马上到了，就央求他：“我只要鹿尾交公差，其他部位都给你，你看好不好？”可是另一个人说什么也不干，非要鹿尾。两人互不相让，于是就抬着鹿去了衙门。

乌大人听窝得坤说完前后经过，又询问另一个人。两人都说是自己先射死的鹿。窝得坤说是追着伤鹿跑了一整夜，另一个人说是半夜时将鹿射杀的。

大人想了一下，就让手下把鹿抬到了公堂上。他瞧了半天，对着死鹿就问：“鹿，我问问你，你是死者，你能看得清清楚楚的，是谁先射的箭，给我如实招来！”

大伙一听都觉得好笑：死鹿怎么能说话呢？这时乌大人急了，让府衙狠狠打鹿的屁股。差役一听又好笑又没办法，只好拿着棍子照大人吩咐去做。

窝得坤一看马上跑上来说："大人，您打它哪个部位都行，就是千万别打它屁股！把鹿尾打坏了，我们全家都有性命危险。"说完就趴到鹿身上哭泣。另一个人却什么也没说。

乌大人又来到鹿旁说："既然这么说，就给我打它的嘴。"打得鹿鼻子血直流。

这时乌大人走下堂来，拔出第一根窝得坤射的箭看了看，又拔出第二根箭看了看，上堂一拍惊堂木，对另一个猎人喝道："好你个混账东西，你是见到死鹿之后才射的箭。"

那个人听后不服，就问大人。大人乐道："如果不是窝得坤射的鹿，他能那么真心爱护他的鹿尾吗？再说，活鹿被射杀时，血会流出来浸透毛发，且伤口四周都会出血。鹿死后，它的血已经凝固了，所以后射的箭上没有血。另外我打鹿，就是要看看你们俩谁心痛鹿尾，谁心痛鹿尾谁就是真的。再有我打鼻子，是要查看它流血的情况。如果鹿死在三个时辰内，血是鲜红的；超过三个时辰，血是紫色的。你看看这血的颜色，这只鹿分明是昨天天黑前就死了的，你说你是在半夜时射死的，这能对吗？"大人就这样断明了官司，把那个小子痛打了一顿。

鹿角胶

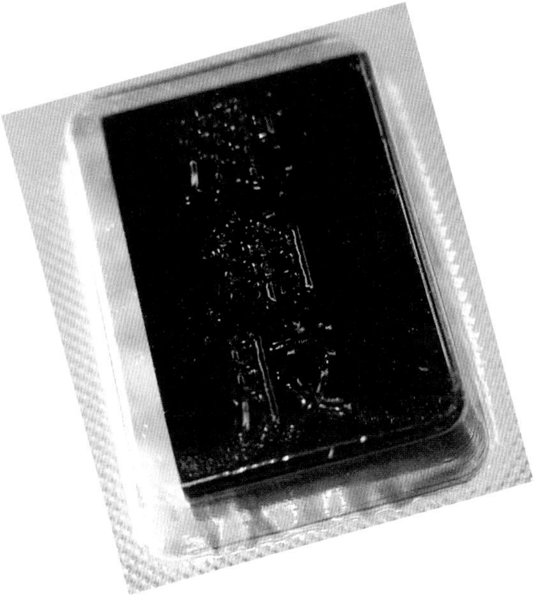

老松收烟琢玄玉，可试洮州鸭头绿。
来从万里古乐浪，传到麻源第三谷。
要须岱郡鹿角胶，捣成方解土炭嘲。
请君摩研写新作，一弄潺湲吊康乐。

——《陈循中求赋高丽墨诗为作长句》（北宋）谢薖

一、物种本源

鹿角胶动物形态

拉丁文名称，种属名

鹿角胶，是偶蹄目、鹿科、鹿属动物马鹿（*Cervus elaphus* Linnaeus）或梅花鹿（*Cervus nippon* Temminck）的角煎熬而制成的胶块。

形态特征

鹿角胶的形状为扁平的长方体。颜色为红棕色或黄棕色，半透明，气味清淡，味道微微发甜。鹿角胶质地干脆，容易断裂，断裂面光滑发亮。

二、营养及成分

鹿角胶主要含有25%的胶质、50%～60%的磷酸钙和少量的雌酮等。鹿角胶中的氨基酸有精氨酸、赖氨酸、色氨酸、蛋氨酸等，同时还含有雄激素、硫酸软骨素A、胆碱样物质及多种微量元素。

三、食材功能

性味 味甘、咸，性温。

归经 归肝、肾经。

功能

（1）鹿角胶温补肝肾、益精养血。用于肝肾不足所致的腰膝酸冷、阳痿遗精、虚劳羸瘦、崩漏下血、便血尿血、阴疽肿痛。故为补肾、壮阳、益精、养血、强筋、健骨、止血之良药。

（2）鹿角胶可以预防和治疗无卵巢的大鼠骨质疏松症，且对老年大鼠进行实验时发现其具有延缓衰老作用。

四、烹饪与加工

鹿角胶粥

（1）材料：鹿角胶15~20克，粳米100克，生姜适量。

（2）做法：先煮粳米，待沸后，放入鹿角胶、生姜同煮为稀粥。

（3）功效：补肾阳，益精血。适用于肾气不足所致的阳痿、早泄、遗精、腰痛，妇女子宫虚冷、不孕、崩漏、带下等。

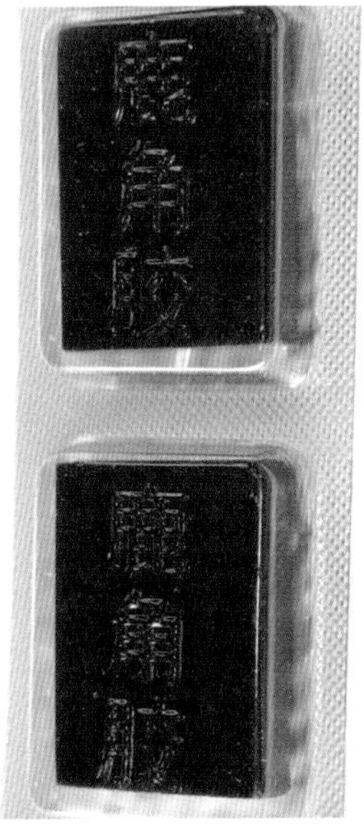

鹿角胶

银耳鹿角胶汤

（1）材料：银耳30克，鹿角胶8克，冰糖15克。

（2）做法：将银耳用温水泡发，除去杂质，洗净，放砂锅内，加水中火熬；待银耳熟透时，加入鹿角胶和冰糖，熬透即成。

（3）功效：此汤具有补肾填精、滋养精血的作用，适用于肾精虚衰之遗精、阳痿，伴有失眠多梦、健忘耳鸣、倦怠等症。

鹿角胶药用配方

（1）配方：鹿角胶1两（研碎，炒令黄燥），覆盆子1两，车前子1

两。上药捣细，罗为散。每于食前，以温酒调下2钱。（《太平圣惠方》鹿角胶散）

（2）功效：治疗虚劳梦泄。

五、食用注意

（1）阴虚火旺者禁食。

（2）孕妇禁用鹿角胶。

传说故事

独角鹿报恩

很久很久以前，在桥头的壬田村，住着一户农夫。他们不仅为人善良，还特别喜爱山里的动物，从不杀生。

有一天，一个猎人追赶一只被打伤的梅花鹿。这只鹿逃到农夫身边，泪如泉涌。农夫仔细一看，只见鹿角断了一只，鲜血直流。他就将鹿引入屋内，藏了起来。那追来的猎人问农夫："你看到一只鹿角受伤的鹿吗？"农夫摇摇头说："没有看见。"结果，猎人失望地走了。随后，农夫给鹿包扎伤口，用草药护理，又给吃给喝。几天后，鹿养好伤便回了山中。

不知过了多少年，有一天台风过境，夹带暴雨，山洪暴发。农夫正在家中避风雨，忽听外面哇哇乱叫。农夫开门一看，只见奔来数只梅花鹿，为首的正是那只独角鹿。农夫还以为鹿来避雨，哪知带头的独角鹿用那独角将农夫的小孩勾起，迅速向门外跑去。

全家人都愣住了，农夫回过神来大叫："孩子被鹿抢走了，快追，快追！"整屋的人都追了出去。正在这时，屋后的大山塌下来了，岩石和泥土将整个屋子一下子埋了起来。当大家回头看时都惊呆了，好在全家人都得救了。

这时独角鹿将孩子轻轻放下，站立着跳起舞来，向农夫表示祝贺，大家惊喜交加。农夫这才醒悟："几年前救了这只鹿的命，现在鹿来报恩了，真是善有善报啊。"

现在壬田桥头的塌山脚下，还能看到大堆山石岩，那是一块山体滑坡的地方。因为这个古老的传说，人们一直管这个地方叫"鹿报恩"。

阿胶

阿胶一碗，芝麻一盏，白米红馅蜜饯。
粉腮似羞，杏花春雨带笑看。
润了青春，保了天年，有了本钱。

——《秋叶梧桐雨·锦上花》
（元）白朴

一、物种本源

拉丁文名称，种属名

阿胶，是奇蹄目、马科、马属动物驴（*Equus asinus* L.）的干燥皮或鲜皮经煎煮、浓缩制成的固体胶。

形态特征

阿胶一般呈长方体、扁方体或丁状；黑褐色，有光泽；质地较坚硬、脆，断面光亮，对光照会呈棕色半透明状；稍带气味，味道微甜。

二、营养及成分

骨胶原是阿胶的主要成分，将其水解以后可以得到明胶、蛋白质、氨基酸、微量元素等多种成分。阿胶中至少含有17种氨基酸，其中含量较多的是甘氨酸、脯氨酸、丙氨酸、谷氨酸和精氨酸。阿胶中含有16种金属元素，包括钾、钠、钙、镁、铁、铜、铝、锰、锌、锶等，其中铁的含量为其他元素的10倍以上。阿胶带有特殊的腥味，其挥发性物质主要类型包括酯类、酮类、卤代烃类、杂环类和其他类物质。此外，阿胶中还含有少量的多糖和脂肪酸。

三、食材功能

性味 味甘，性平。

归经 归肺、肝、肾经。

功能

（1）延缓衰老作用。阿胶作为一种传统养生补品，具有延缓衰老的功效。将复方阿胶浆做处理之后，通过液相色谱–质谱联用仪的检测鉴定出72种成分，通过相关试验证明阿胶中的一些成分如咖啡酰奎尼酸、桃叶珊瑚苷等能够缓解由过氧化氢诱导所导致的氧化损伤。

（2）补血作用。在中国，阿胶作为补血良药历史悠久。有研究表明复方阿胶浆可以改善溶血性贫血，还可以改善患地中海贫血孕妇的症状。

（3）提高免疫力。阿胶枣具有较强的调节小鼠免疫功能、调节小鼠体液免疫功能和调节小鼠巨噬细胞吞噬功能的作用。阿胶泡腾颗粒能增强小鼠的非特异性免疫和细胞免疫功能。阿胶经过仿生酶解后，更易于人体吸收，提高免疫力的作用增强。

四、烹饪与加工

阿胶粥

（1）材料：阿胶10克，大米100克，红糖适量。

（2）做法：将阿胶捣碎备用；大米淘净，放入锅中，加清水适量，煮为稀粥；待熟时，调入捣碎的阿胶、红糖，煮为稀粥即可。

（3）功效：养血止血，固冲安胎，养阴润肺。

阿胶糕

（1）材料：阿胶250克，核桃150克，枸杞100克，桂圆肉100克，黑芝麻200克，红枣150克，冰糖150克，红糖50克，黄酒500克。

（2）做法：先用黄酒泡阿胶24小时以上；用烤箱把红枣和核桃烤干，黑芝麻干锅不加油不断翻炒，炒出香味为止；将浸泡后的阿胶、冰糖、红糖和黄酒放入锅中，用小火慢慢搅拌，不要糊锅，熬至挂旗；然后加入核桃、红枣、桂圆肉、枸杞搅拌均匀；最后在倒入黑芝麻，搅拌均匀；出锅后倒入盘子里，用木铲压平，凉透后再放入冰箱里至少冷藏两个小时，后切块即可。

（3）功效：补血止血，滋阴润燥。

阿胶糕

阿胶药用配方

（1）配方：阿胶（炒）、人参各2两，将其混合后磨成粉末状。每次称取3钱，添加一盏豉汤和少许的葱白，煎服，每天服用3次。（《圣济总录》）

（2）功效：治疗长年久嗽之症。

五、食用注意

（1）感冒患者不要服用阿胶。

（2）食用阿胶的时候不要同时饮用茶水或食用红萝卜。

（3）女性月经期间不要服用阿胶。

阿娇姑娘

相传在很久以前，世间流传一种非常可怕的顽疾，得病之人会因此虚劳羸瘦，气喘心慌，不能久立。名医们使用各种药物都不能医治，患病之人只能在痛苦中吐血而亡。老百姓们人人自危，非常恐慌。

当时，东阿县有个蕙质兰心的姑娘名叫阿娇。她母亲也得了这种怪病，看着母亲和乡亲们如此痛苦，阿娇心里很着急。她听说在城外东边有个药王山，山上一年四季百药盈芳，还有能医百病的神仙。于是阿娇收拾好行囊，辞别父老，一个人上路了。阿娇翻山越岭，风餐露宿，经历千辛万苦来到了药王山。身上带的口粮早已吃光，可是寻了几日，别说神仙了，连个人影都没见着。

失落的阿娇准备采些草药下山，忽然发现了一头小黑驴卧在山石上痛苦地哀叫。善良的阿娇连忙跑上前去，只见小黑驴腿上有好多处创伤，伤口都在淌血。阿娇见此情景，赶忙用采来的草药为小黑驴止血，又扯了一块衣布为它包扎好，还跑到山下找来河水喂小黑驴喝。在阿娇的照顾下，没过多久，小黑驴就痊愈了。只见它浑身上下的毛黑如莹漆，在阳光下犹如一匹锦缎。

阿娇一心念着患病的母亲，准备与小黑驴辞别。她一边抚摸着它那光滑的毛发，一边将上山寻神仙救村民的心事说给了小黑驴听。刚说完，原本晴朗的天空顿时电闪雷鸣，狂风大作。小黑驴猛然跳起来，迎着暴风雨直冲上了山头。只见小黑驴仰天长啸，将驴皮脱掉，变成一条黑龙飞到了天上。

黑龙对阿娇说："你是个善良的姑娘，快拿着驴皮用阿井里的水熬药，去救你的母亲和乡亲们吧！”说完便腾空而去。阿娇被眼前的一幕惊呆了，她千辛万苦来寻找的神仙就是自己搭救的这条黑龙啊！

阿娇将驴皮包裹好，带回了村里。她将驴皮晒干，打来阿井水熬制。熬了九天九夜，直到把水熬干，看到锅底有一层亮晶晶、黑莹莹的胶层，奇香扑鼻。阿娇将凝固的胶体切成若干小块分给了患病的母亲和乡亲们。他们吃过药胶后没几日，果然病好如初。

阿娇熬胶救人的故事便在民间流传下来，人们为了永远不忘阿娇姑娘的恩情，便把这种药胶叫作“阿胶”。

鱼胶

百顷苍云小结茅，溪风流响度晴梢。
半窗山月惊孤鹤，没屋秋涛走万蛟。
采药有时收琥珀，烧烟何处觅鱼胶。
投闲未许官封及，且复深居学许巢。

——《题刻张克让万松窝》

（明）钱宰

一、物种本源

拉丁文名称，种属名

鱼胶，是各种鱼类的鱼鳔干制品。硬骨鱼类大多都有鱼鳔，分为管鳔类和闭鳔类，其形状大小因鱼种不同而有很大差异，如鳗鲡目（*Anguilliformes*）海鳗科（*Muraenesocidae*）海曼属的海鳗为管状鳔，鲤形目（*Cypriniformes*）草鱼属的草鱼（*Ctenopharyngodon idella*）和鲢属的鲢鱼（*Hypophthalmichthys molitrix*）为卵圆形鳔，石首鱼科（*Sciaenidae*）和鱚科（*Sillaginidae*）鱼鳔为萝卜形且具有复杂的附肢结构等。又名鱼肚、花胶。

形态特征

新鱼胶外表纯白且透明，吃起来口感黏腻；而旧鱼胶颜色则为深黄色，表面有褶皱和一些裂纹，食用时没有黏性，煲后会变厚，变成像松糕一样的白色粉粒。

二、营养及成分

鱼胶的主要成分为高级胶原蛋白、黏多糖物质、多种维生素及钙、锌、铁、硒等多种微量元素。鱼胶的水分、粗脂肪、灰分和粗蛋白分别约为17%、0.6%、0.2%和84%。

三、食材功能

性味 味甘，性平。

归经 归肾、肝经。

功能

（1）鱼胶能滋阴养颜。腰膝酸软和身体虚弱者最适宜经常食用。在食疗方面，中医学里将鱼胶当作一种治疗肌肤不泽、面部皱纹、神疲体倦、气血不足的中药，同时认为其还有补气血、养容颜作用。

（2）鱼胶具有提高免疫力、调节内分泌失调等功能，能降低血脂和血糖，对慢性胃炎、支气管炎、神经衰弱、妇女经亏、小儿发育不良、产妇乳汁分泌不足等均有非常好的疗效，还能促进伤口愈合。

（3）鱼胶能够防止皮肤老化、去除皱纹、活化细胞、提高免疫力，还有缓解关节酸痛和活化筋骨的作用，尤其在滋阴、润燥、止血、补血等方面的效果更明显。

鱼　胶

四、烹饪与加工

薏米百合炖鱼胶

（1）材料：鱼胶15克，百合15克，薏米50克，猪肉60克，盐适量。

（2）做法：将洗净的鱼胶、百合、薏米一起放入炖锅中，炖2～3小时后，再加入猪肉炖熟，加盐即可。

（3）功效：此汤有美白润肤养颜的功效。

鱼胶红枣汤

（1）材料：鱼胶20克，红枣（去核）6个，冰糖适量。

（2）做法：将鱼胶、红枣洗净，放入锅中加水炖煮3小时，加冰糖即可。

（3）功效：补气血，养容颜。

鱼胶红枣汤

鱼胶药用配方

（1）配方：鱼胶烧七分，留性，研细，入麝香少许。每服2钱，酒调下，不饮酒，米汤下。（《三因方》香胶散）

（2）功效：治疗破伤风。

五、食用注意

（1）不宜和寒凉性食物一起食用。

（2）皮肤病患者禁食。

（3）女性生理期不宜食用。

鲁班与鱼胶

传说当年鲁班出游洞庭湖时，路经石首县，赶上一家富人在建造楼房。工匠们因不满富人的吝啬和苛刻，有意将上梁柱头两边削薄些，不料被富人发觉，强行索要赔偿。

正在为难之际，鲁班来到工匠之间，随手拣了些刨皮，在嘴边一抹，补贴到柱头上，一时把两头补得严严实实。然后，他撕下自己的破衣服，垫在柱头的榫口处，安装得稳稳当当、扎扎实实，很快完成了合龙工序。

富人觉得无话可说，便要留鲁班继续为他施工，并要鲁班做监工和教他儿子技术，随即端来好饭菜款待鲁班。鲁班了解到富户平时的为人，便向饭上吐了一口唾沫，对富人道："要想留我，你先把这饭吃下去，我便留下来并传授技术给你儿子。"富人哪里肯吃这碗饭，扬手将饭丢向江中。自此，后来的木匠师傅在榫口加木楔时，都习惯性地在楔口处抹点唾液。

富人丢到江中的饭，被沉在江底的鳌鱼吞吃了。从那以后，这里的鳌鱼鳔制成的鱼胶既厚实又透明，既可食用，又可作为工业原料。

鱼皮

斑文浮点点，一片认鱼皮。
冒鼓声鞺鞳，藏弓服陆离。
蒸成鳞已脱，剔去骨无遗。
至味都包裹，真堪佐酒卮。

——《鱼皮》（清）毛士钊

一、物种本源

拉丁文名称，种属名

鱼皮，是指对侧孔总目动物鲨鱼（Shark）的皮进行干化处理以后做成的一种声名远播的海味，又名鱼唇。

形态特征

鱼皮含大量的胶质，营养丰富，价格也比较昂贵。犁头鳐皮呈现出黄褐色，鱼皮坚硬厚重，是比较上等的鱼皮；青鲨皮呈现灰色或灰白色；公鱼皮的原料为沙粒魟的皮，呈现灰褐色，骨鳞覆盖在鱼皮表面呈粒状；老鲨皮的颜色为灰黑色，鱼皮肥厚且长有尖刺；虎鲨皮则呈现出黄褐色，所用的鲨鱼原料是豹纹鲨和狭纹虎鲨，这两种鲨鱼的皮制成的鱼皮较为坚硬。

鱼　皮

二、营养及成分

鱼皮主要含胶原蛋白80%，脂肪1%，糖类1.6%及维生素A、维生素E、维生素B_1、烟酸及微量元素钙、磷、钾、钠、锌、铜、铁、镁、钴、硒等。

三、食材功能

性味 味甘、咸，性平。

归经 归胃、肺经。

功能

（1）鱼皮有良好的滋补效用，对胃病、肺病有一定的治疗作用。鱼皮补肾固精，补脾气，对肾虚阳痿、腰膝酸软、妇人赤白带、疮疡、痈肿、久咳有良好的食疗效果。

（2）鱼皮含有丰富的蛋白质和多种微量元素，其蛋白质主要是大分子的胶原蛋白及黏多糖的成分，是女士养颜护肤、美容保健佳品。

（3）鱼皮对肺结核、乳腺炎、胃痛及妇科等疾病滋养效果甚佳。

四、烹饪与加工

泡椒鱼皮

（1）材料：鱼皮100克，泡椒100克，盐、醋适量。

（2）做法：将鱼皮用盐、醋浸泡一会儿，洗净去腥；泡好的鱼皮切丝；用泡椒汁浸泡鱼皮，密封冷藏；浸泡8~10天入味后，就可装盘食用。

（3）功效：此品为女士养颜护肤、美容保健佳品。

泡椒鱼皮

炒鱼皮片

（1）材料：鱼皮300克，青椒2个，鸡蛋1个，姜丝、香葱、生抽、老抽、淀粉适量。

（2）做法：把鱼皮切成段在水里清洗干净备用，青椒切丝，姜丝、香葱准备好；打1个鸡蛋到碗里，加小半勺淀粉搅拌均匀；把鱼皮加适量的盐、生抽搅拌均匀腌制几分钟；把腌制好的鱼皮过油，然后再开火下油，放姜丝、青椒丝，加适量的盐翻炒至软；鱼皮回锅，加生抽、老抽，大火翻炒几下即可出锅。

（3）功效：美容养颜。

虾仁鱼皮

（1）材料：鱼皮300克，鲜虾仁100克，熟火腿丝、鸡蛋清、料酒、盐、味精、葱段、姜汁、水淀粉、猪油、鸡汤各适量。

（2）做法：将鱼皮泡发后切成长块，焯水；将鲜虾仁洗净放入碗中，加盐、鸡蛋清、味精和少量水淀粉搅匀；炒锅加热，下猪油，烧至四成热时把虾仁倒入锅内，翻炒盛入碗中待用；锅中留油下葱段煸至有香味，放入料酒、姜汁、鸡汤；汤沸后，将葱段捞出，把鱼皮倒入锅内，加入盐拌匀；待汤沸后，加入味精，起锅装碗，撒上虾仁和火腿丝即可。

（3）功效：滋补五脏，填补精血。适于虚痨、病后、体虚者食用。

五、食用注意

凡痛风、疮疡、湿热病者不宜食用鱼皮。

苏东坡吃鱼皮治白食客

宋朝大诗人苏东坡、秦少游结识了一个颇有文才的安庆和尚。朋友相处自然少不了酒肉，但安庆和尚是个瓷公鸡，每回都是一毛不拔。

一天，苏东坡、秦少游的一个朋友送来半斤鱼皮，这回他们打算避开安庆和尚。秦少游想了个办法，到水上去吃，苏东坡拍掌叫绝。

安庆和尚得知苏、秦二人有鱼皮尝鲜，便来了，在庄上东寻西找不见踪影，于是猜疑：岸上没有，莫不是躲到水上去了？果然不错，跑到庄南头，发现河下游的一个河湾子里在冒烟，安庆和尚心想："嘿，十有八九是两个鬼东西躲着我。"安庆和尚回到庙里，叫几个小和尚把大焰口箱子抬出来，将里边的小菩萨拿出来，他朝里一坐，叫小和尚拿把大铜锁锁起来，抬到南河口放下水。水箱顺水淌得蛮快的，一袋烟工夫就离船不远了。船上的主人把鱼皮烧熟后，望见上游漂来一只大木箱子，忙喊苏、秦二人来看。

乖乖隆咚，油光漆亮的大木箱，一半沉在水里，三人一齐用力往船上一拖，船主连忙拿把菜刀来撬铜锁。苏东坡一看，这木箱好面熟，只有寺庙才用，八成又是安庆和尚作祟吃白食，忙摇手道："不忙，还没到开的时候，等我们吃酒吟诗后再开箱子，高兴的事凑在一起，格外有趣。"秦少游会意点头称好。这一来不要紧，可把安庆和尚急坏了，他想：等酒后再开箱子，这顿美味鱼皮连汤都没了，我不白吃了这苦头？不行，得想想主意……

"吱，吱吱——"箱子里发出了老鼠的叫声。苏东坡侧耳一听，不动声色，二人继续对酌。等吃完后，苏东坡叫船主泡来一壶茶，把壶嘴朝箱顶的漏缝处一倒，咕咕咕地灌茶，嘴里不住地说：“热茶烫老鼠，胜过做知府。”可怜箱子里的安庆和尚被烫得逃避不开去，只好求饶并自报家门。秦少游装腔作势说不是，一定是歹人，如真是安庆和尚，就吟一首与场合切题的诗。箱子里安庆和尚这时是人到矮檐下，怎敢不低头？只好带着哭腔吟道：“鱼皮未曾吃得到，满头烫起瘤浆泡。下次再把白食吃，雷劈火烧和尚庙。”苏、秦二人笑得直不起腰，才打手势叫船主放出安庆和尚。

珍珠

江浦茫茫月影孤，一舟才过一舟呼。
舟舟过去何舟得？采得珠来泪已枯。

——《采珠歌》（清）冯敏昌

一、物种本源

拉丁文名称，种属名

珍珠，是珍珠贝目、珍珠贝科、马氏珍珠贝属动物马氏珍珠贝［*Pteria martensii*（Dunker）］、蚌目、蚌科、帆蚌属动物三角帆蚌［*Hyriopsis cumingii*（Lea）］等双壳纲动物受刺激形成的珍珠。珍珠为贝类内分泌作用而生成的含碳酸钙的矿物珠粒，由大量微小的文石晶体集合而成。又名真朱、真珠、蚌珠、珠子等。

形态特征

珍珠的形状有很多种，有圆形、梨形、蛋形、泪滴形、纽扣形和任意形，但是其中最典型的是圆形和梨形，以圆形为最好。色泽有白色、粉红色、浅黄色、浅绿色、浅蓝色、棕色、丁香色、黑色等，通常呈现

为白色或浅色的，以白色为主，并且具有不同程度的光泽。珍珠有透明的，也有半透明的，折射率为1.5～1.7。

二、营养及成分

珍珠的主要成分是碳酸钙和碳酸镁，占比为91%以上，其次是氧化硅、磷酸钙、氧化铝和三氧化二铁等成分。珍珠中也含有一定的有机质成分，包括天冬氨酸、苏氨酸、丝氨酸、谷氨酸、甘氨酸、丙氨酸、胱氨酸、缬氨酸、蛋氨酸、异亮氨酸、亮氨酸、酪氨酸等17种氨基酸。此外，珍珠中还含有30多种微量元素，以及一些其他成分，如牛磺酸、维生素和肽类物质。

三、食材功能

性味 味甘、咸，性寒。

归经 归心、肝经。

功能

（1）促进伤口愈合。珍珠烧伤膏对上皮扩张和肉芽成熟有明显的促进作用，从而促进创面愈合，愈合后瘢痕减少。推测其可能与珍珠中的多种氨基酸和微量元素有关，这些氨基酸和微量元素可能对伤口有一定的营养作用，促进成纤维细胞和上皮细胞的增殖。

（2）安神定惊。珍珠粉具有消沉安神的作用，对恍惚、焦虑、紧张、心悸、烦躁、耳鸣、头晕、乏力、厌食、抑郁、健忘、失眠等症状有很好的缓解作用。

（3）明目消翳。珍珠粉具有明目清肝、消肿的作用。大多数老年人的眼部分泌物少、干涩疼痛加剧，视网膜充血程度较低，珍珠粉对其有改善作用。

珍珠茶

（1）材料：珍珠粉2克，茶叶2克。

（2）做法：先将珍珠粉研磨成极细的粉，再用沸水冲泡茶叶。

（3）功效：润肌泽肤，美容养颜。适用于面部皮肤衰老。

珍珠层粉小米粥

（1）材料：珍珠层粉1克，蜂蜜、小米适量。

（2）做法：小米煮粥，然后加入珍珠层粉和蜂蜜，拌匀即成。

（3）功效：健脾养心，镇静安神，适用于心悸。

珍珠层粉小米粥

珍珠药用配方

（1）配方：珍珠3钱，硼砂、青黛各1钱，冰片5分，黄连、人中白各2钱（煅过）。上为细末，凡口内诸疮皆可掺之。（《丹台玉案》珍宝散）

（2）功效：治疗口内诸疮。

五、食用注意

（1）服用珍珠粉时，应注意珍珠是凉药，只有身体干燥的人才适合口服珍珠粉。擅自使用不仅达不到美容抗衰老的效果，还可能造成健康隐患。

（2）由于很多女性属于寒性体质，如果长期食用珍珠粉可能会引起消化不良、腹泻等症状。珍珠粉也不适用于体质寒凉、胃寒、结石的患者。因此，在服用珍珠粉之前，必须先就医，确定自己属于哪种体质，然后再遵照医嘱确定是否可以口服。

珍珠投胎为西施

珍珠被人类利用已有数千年的历史，传说她是西施的化身。

西施本是月宫嫦娥的掌上明珠，她奉玉帝之命，下凡来拯救吴越两国黎民百姓脱离连年战乱之苦，珍珠便是她的化身。原来嫦娥仙子有一颗闪闪发光的大明珠，平时命五彩金鸡日夜守护。而金鸡也有把玩明珠的欲望，趁嫦娥不备，偷偷将明珠含在口中，躲到月宫后面玩赏起来。但一不小心，明珠从月宫滚落下来，直飞人间。金鸡大惊失色，也随之向人间追去。

嫦娥得知此消息后，急命玉兔追赶金鸡。玉兔穿过九天云彩，直追至浙江诸暨浦阳江边上空。这一天，浦阳江边山下一施姓农家之妻正在江边浣纱，忽见水中有颗光彩耀眼的明珠，忙伸手去捞，明珠却径直飞入她的口中，并钻进腹内。施妻从此有了身孕。一晃16个月过去了，女子不能分娩。忽一日只见五彩金鸡从天而降，停在屋顶。恰在这时，只听“哇”的一声，施妻生下一个美丽的女孩，取名为“西施”。故有“尝母浴帛于溪，明珠射体而孕”之说。

西施长大后，化解了吴越两国的仇怨，之后就化作珍珠留在人间。自此，诸暨后人世代养殖珍珠而驰名中外。

参考文献

［1］ 陈寿宏. 中华食材［M］. 合肥：合肥工业大学出版社，2016：515–656，1146–1173.

［2］ 王婧，杨晓筱，刘世娟，等. 复合肉苁蓉固体饮料制粒工艺的研究［J］. 食品与发酵科技，2019，55（4）：71–74.

［3］ 宋青青. 中药肉苁蓉的化学成分组及抗血管性痴呆的体内药效物质研究［D］. 北京：北京中医药大学，2019.

［4］ 李余钊，章仁，郝吉，等. 紫茎泽兰的化学成分研究［J］. 中药材，2019，42（9）：2058–2061.

［5］ 向燕茹，李祖峋，陈建伟. 原桃胶的性质、加工及组分研究与食品、医药应用概况［J］. 食品工业科技，2019，40（19）：321–325.

［6］ 黄佳昌. 桃胶多糖的水解、性质及应用研究［D］. 桂林：桂林理工大学，2015.

［7］ 曹磊，平芬，韩书芝，等. 大株红景天在不同系统疾病中的应用进展［J］. 河北医药，2020，42（4）：608–612.

［8］ 孙二营. 红景天粉饮片的生产工艺与质量控制研究［D］. 郑州：河南大学，2019.

［9］ 吴梦. 红景天有效成分的提取及分离纯化［D］. 上海：上海应用技术大学，2019.

[10] 曹蕾，房娅娅. 决明子中矿质元素的测定分析 [J]. 化学工程师，2019，33（12）：25-27.

[11] 吴娇，王聪. 黄芪的化学成分及药理作用研究进展 [J]. 新乡医学院学报，2018，35（9）：755-760.

[12] 封若雨，朱新宇，邢峰丽，等. 路路通的药理作用研究概述 [J]. 中国中医基础医学杂志，2019，25（8）：1175-1178.

[13] 王晓媛，王彦兵，李泽生，等. 石斛组6种石斛主要化学成分差异分析 [J]. 食品科学技术学报，2019，37（6）：81-87.

[14] 张帮磊，杨豪男，沈晓静，等. 铁皮石斛化学成分及其药理功效研究进展 [J]. 临床医药文献电子杂志，2019，6（54）：3，8.

[15] 罗林根. 含漱土茯苓荆芥防风汤治疗风热证银屑病患者的疗效观察 [D]. 长沙：湖南中医药大学，2019.

[16] 李玉丽，蒋屏，杨恬，等. 地骨皮的本草考证 [J]. 中国实验方剂学杂志，2020，26（5）：192-201.

[17] 姚娜，黄燕明，李雪银，等. 地骨皮配方颗粒质量标准提高研究 [J]. 亚太传统医药，2019，15（7）：84-87.

[18] 张静娴. 中药地骨皮的化学成分与质量控制方法研究 [D]. 沈阳：沈阳药科大学，2013.

[19] 楼鼎鼎. 竹茹超临界萃取物的组成分析和功能性研究 [D]. 杭州：浙江大学，2005.

[20] 吕选民，姬水英. 柴草瓜果篇第十八讲竹叶 [J]. 中国乡村医药，2016，23（23）：49-50.

[21] 梁帅，张继，康帅，等. 中药竹心的刍议 [J]. 中国现代中药，2016，18（7）：942-944.

[22] 蒋桂华，雷雨恬. 认识身边的中药——白芷 [J]. 中医健康养生，2020，6（7）：28-29.

[23] 周雪，李小清，刘琪，等. 川芎挥发油防治脂多糖致小鼠血管认知障碍的作用机制研究 [J]. 中草药，2019，50（10）：2390-2397.

[24] 靳春斌. 川芎的化学成分及药理作用研究进展 [J]. 中国社区医师，2017，33（16）：8，13.

[25] 杜旌畅，谢晓芳，熊亮，等. 川芎挥发油的化学成分与药理活性研究进展[J]. 中国中药杂志，2016，41（23）：4328-4333.

[26] 杨文婧，田鑫雨，金悦，等. 人参花中功效成分及功效作用研究进展[J]. 农业与技术，2021，41（15）：12-15.

[27] 龚斌，李琴，胡小红，等. 枳壳化学成分及药理作用研究进展［J］. 南方林业科学，2019，47（3）：40-45.

[28] 赵晶珊，侯雅竹，王贤良，等. 中药枳壳治疗心血管疾病的药理学作用研究进展［J］. 中西医结合心脑血管病杂志，2019，17（8）：1162-1165.

[29] 祝婧，叶喜德，吴江峰，等. 枳壳炮制历史沿革及炮制品现代研究进展[J]. 中国实验方剂学杂志，2019，25（20）：191-199.

[30] 王慧娟. 桑白皮黄酮类化合物抗骨质疏松活性及作用机制的研究［D］. 贵阳：贵州大学，2019.

[31] 成胜荣. 同源异效桑源药材（桑叶、桑枝、桑白皮、桑椹）的物质基础研究［D］. 镇江：江苏大学，2019.

[32] 郭静. 桑白皮抗耐药菌活性成分研究［D］. 郑州：郑州大学，2019.

[33] 李明. 桑叶和桑枝的化学成分及生物活性研究［D］. 济南：山东大学，2017.

[34] 金鑫. 桑枝的化学成分及活性研究［D］. 延边：延边大学，2011.

[35] 李磊. 荜茇提取物对四氯化碳诱导大鼠肝硬化肝脏中TNF-α、IL-6的表达及肠道菌群失调的防治作用［D］. 呼和浩特：内蒙古医科大学，2019.

[36] 罗庆林，周美亮，陈松树，等. 金荞麦的活性成分和药用价值研究进展[J]. 山地农业生物学报，2020，39（2）：1-13.

[37] 赵炎军，刘园，谢升阳，等. 金荞麦提取物体外抗流感病毒作用研究[J]. 中国现代应用药学，2019，36（21）：2648-2651.

[38] 王璐瑗，黄娟，陈庆富，等. 金荞麦的研究进展［J］. 中药材，2019，42（9）：2206-2208.

[39] 胡英勇，尹耀庭，刘月平. 巴戟天提取物对去卵巢大鼠骨质疏松症的防治作用［J］. 湖南中医杂志，2019，35（11）：139-141.

[40] 詹积. 巴戟天抗抑郁和抗疲劳的活性成分研究［D］. 无锡：江南大学，2019.

［41］潘少斌，孔娜，李静，等．香附化学成分及药理作用研究进展［J］．中国现代中药，2019，21（10）：1429-1434．

［42］贾红梅，唐策，刘欢，等．基于网络药理学的香附抗抑郁作用机制研究［J］．药物评价研究，2019，42（1）：49-55．

［43］杨庆万，安阳．中药松萝的抗炎机制研究进展［J］．贵阳中医学院学报，2018，40（4）：59-62．

［44］郝凯华，韩涛，胡鹏斌．松萝酸抗肿瘤作用的研究进展［J］．现代肿瘤医学，2015，23（23）：3535-3537．

［45］拉喜那木吉拉．长松萝化学成分与药理活性研究［D］．长春：吉林农业大学，2013．

［46］娜荷芽，王小虎，图雅，等．漏芦与漏芦花研究进展［J］．内蒙古医科大学学报，2013，35（3）：241-246．

［47］赵文玺．漏芦对小鼠肝损伤的保护作用及机制研究［D］．延边：延边大学，2013．

［48］翟春梅，孟祥瑛，付敬菊，等．牡丹皮的现代药学研究进展［J］．中医药信息，2020，37（1）：109-114．

［49］曹春泉．牡丹皮的化学成分研究进展［J］．广州化工，2013，41（12）：44-45+51．

［50］梅秀明，吴肖肖，乔玲，等．燕窝的营养成分和危害因子分析［J］．现代食品科技，2020，36（2）：277-282，178．

［51］简叶叶．燕窝对肺阴虚小鼠免疫功能影响的研究［D］．福州：福建农林大学，2017．

［52］于海花，徐敦明，周昱，等．燕窝的研究现状［J］．食品安全质量检测学报，2015，6（1）：197-206．

［53］张楠茜，孙慧，吕经纬，等．基于液质联用技术结合多元统计分析的鹿茸热炮制机理研究［J］．时珍国医国药，2020，31（2）：327-330．

［54］刘松鑫，宫瑞泽，陆雨顺，等．不同品种、规格鹿茸的化学成分和药理作用研究进展［J］．中草药，2020，51（3）：806-811．

［55］何晓凤，阮豪南，王露露，等．鹿茸规格与其颜色及化学成分的相关性研究［J］．中国药学杂志，2019，54（15）：1226-1230．

［56］ 张凯月，李春楠，兰梦，等．鹿胎肽对巨噬细胞RAW264．7的免疫调节作用［J］．食品工业科技：2021，42（1）：342-347．

［57］ 田旭，张红梅，周微，等．参茸鹿胎膏有效成分的定性鉴别及含量测定［J］．特产研究，2019，41（4）：92-95+123．

［58］ 张凯月，杨小倩，张辉，等．鹿胎药理作用研究［J］．吉林中医药，2019，39（5）：634-637．

［59］ 安丽萍，任广凯，石力强，等．鹿骨多肽对地塞米松诱导的骨质疏松大鼠骨微结构的影响［J］．中草药，2016，47（22）：4030-4034．

［60］ 王梦娇．天然保健鹿骨微粉及骨粉钙片的研究［D］．长春：吉林大学，2015．

［61］ 周默，吕帅然，邱野，等．鹿骨保健食品原料的工艺研究［J］．北方药学，2014，11（4）：61．

［62］ 徐海娜．梅花鹿鹿尾对大鼠消化代谢、生长发育及免疫机能的影响［D］．北京：中国农业科学院，2013．

［63］ 张高慧．鹿尾化学成分分析及质量评价模式研究［D］．北京：中国农业科学院，2011．

［64］ 李民，王春艳，李士栋，等．鹿角胶的研究进展［J］．中国药物评价，2014，31（5）：310-312．

［65］ 吴济夫．圣药滋补饮品——阿胶［J］．健康世界，2019，（2）：61-63．

［66］ 李瑞奇，刘培建，刘耀华，等．中药阿胶临床应用分析及药理作用研究［J］．临床医药文献电子杂志，2019，6（9）：159．

［67］ 章丽莉，谢润筹，陈永东，等．食用鱼胶的制备和功效研究［J］．海洋与渔业，2017（6）：76-77．

［68］ 李雨奇，李博，王成涛．鱼皮抗血小板胶原肽的功效评价及酶法制备工艺优化［J］．食品工业科技，2019，40（18）：185-193．

［69］ 李幸．鳕鱼皮胶原肽保湿护肤效果的研究［D］．青岛：中国海洋大学，2014．

［70］ 杜梓萱．复方珍珠膏制备工艺及质量标准研究［D］．北京：北京中医药大学，2019．

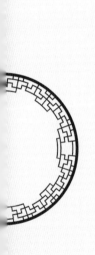

图书在版编目（CIP）数据

中华传统食材丛书．滋补卷／王彩虹，张松主编．—合肥：合肥工业大学出版社，2022.8

ISBN 978－7－5650－5125－8

Ⅰ．①中…　Ⅱ．①王…　②张…　Ⅲ．①烹饪—原料—介绍—中国　Ⅳ．①TS972.111

中国版本图书馆CIP数据核字（2022）第159077号

中华传统食材丛书·滋补卷

ZHONGHUA CHUANTONG SHICAI CONGSHU ZIBU JUAN

王彩虹　张　松　主编

项目负责人	王　磊　陆向军
责任编辑	樊珊珊
责任印制	程玉平　张　芹
出　　版	合肥工业大学出版社
地　　址	（230009）合肥市屯溪路193号
网　　址	www.hfutpress.com.cn
电　　话	党政办公室：0551-62903038 营销与储运管理中心：0551-62903198
开　　本	710毫米×1010毫米　1/16
印　　张	13.75　**字　数**　191千字
版　　次	2022年8月第1版
印　　次	2022年8月第1次印刷
印　　刷	安徽联众印刷有限公司
发　　行	全国新华书店
书　　号	ISBN 978－7－5650－5125－8
定　　价	120.00元